普通高等教育机电类系列教材

工程制图习题集
第 4 版

主　编　方锡武　李　芳　徐旭松

参　编　林　莉　雷菊珍　关鸿耀

主　审　刘振宇

机械工业出版社

本书为李芳、武华主编的《工程制图　第4版》的配套习题集，内容编排由浅入深、由简到繁、循序渐进，与配套教材章节安排一致。本书的主要内容包括工程制图基础知识与基本技能，点、直线、平面的投影，基本体，组合体，轴测图，机件的表达方法，零件图，标准件和常用件的特殊表示法，装配图和计算机绘图。

本书可作为本科院校"工程制图"课程的习题集使用，也可供高职高专等院校的相关师生使用。本书提供习题参考答案，请选用本书的教师登录机械工业出版社教育服务网（www.cmpedu.com）免费下载。

图书在版编目（CIP）数据

工程制图习题集／方锡武，李芳，徐旭松主编.
4版. -- 北京：机械工业出版社，2025.4（2025.9重印）. -- （普通高等教育机电类系列教材）. -- ISBN 978-7-111-78301-5

Ⅰ. TB23-44

中国国家版本馆 CIP 数据核字第 2025GM7170 号

机械工业出版社（北京市百万庄大街22号　邮政编码100037）
策划编辑：徐鲁融　　　　　　　　责任编辑：徐鲁融
责任校对：李　婷　梁　静　　封面设计：王　旭
责任印制：常天培
北京联兴盛业印刷股份有限公司印刷
2025年9月第4版第2次印刷
370mm×260mm · 12印张 · 186千字
标准书号：ISBN 978-7-111-78301-5
定价：36.00元

电话服务　　　　　　　　　　网络服务
客服电话：010-88361066　　机　工　官　网：www.cmpbook.com
　　　　　010-88379833　　机　工　官　博：weibo.com/cmp1952
　　　　　010-68326294　　金　书　网：www.golden-book.com
封底无防伪标均为盗版　　机工教育服务网：www.cmpedu.com

前　　言

本书为李芳、武华主编的《工程制图　第4版》的配套习题集，也可与其他高等学校各专业工程制图教材配套使用。经过多次修订，本书具有如下特色：

1）内容编排由浅入深、由简到繁、循序渐进，与配套教材章节安排一致。

2）选题注重工程实际应用，目的要求明确，便于学生理解和快速掌握。

3）编写遵循现行《技术制图》和《机械制图》国家标准。

4）简化了画法几何部分的内容，加强了组合体三视图练习、机件表达综合应用能力训练和计算机绘图相关练习。

5）所有图形均采用AutoCAD绘图软件绘制，图样清晰且易于理解。

本书由方锡武、李芳、徐旭松任主编。具体编写分工：徐旭松编写第一章、第二章和第九章，方锡武编写第三~五章、第十章，李芳编写第六章和第七章，林莉编写第八章，雷菊珍和关鸿耀参与了资料收集、整理和答案编写等工作。

浙江大学刘振宇教授审阅了本书，并对本书提出了许多宝贵意见，在此表示感谢。

由于编者水平有限，书中难免存在缺点与不足，欢迎读者批评指正。

编　者

目　　录

班级_____ 学号_____ 姓名_____

1-1 字体练习。

字体工整笔画清楚间隔均匀排列整齐横平竖直

1 2 3 4 5 6 7 8 9 0

a b c d e f g h i j

注意起落结构匀称填满方格姓名设计审核日期

k l m n o p q r s t

1 2 3 4 5 6 7 8 9 0

比例材料机械制图标准名称技术要求审核日期

u v w x y z q r s t

$\phi 35\pm 0.2$

机械尺寸院校代号前后左右俯仰视图共第张局

A B C D E F G H I J

$39.5^{+0.01}_{-0.01}$

调质渗碳其余轴箱体盘盖铸造时效处理消除内

M12×2-6H LH

K L M N O P Q R S T

$\phi 50 f7$

应力钢未注圆角国家标准密封圈螺栓齿轮公差

U V W X Y Z Q R S T

R2~R3

M4-9h

1-2　在指定位置处抄画图线。

1-3　在指定位置处采用 1∶1 的比例抄画图形。

$\phi40$　　$\phi20$　　$8\times\phi10\ EQS$　　$\phi60$

1-4　在下列图形中标注箭头和尺寸数值，尺寸数值按1：1的比例度量并取整数。

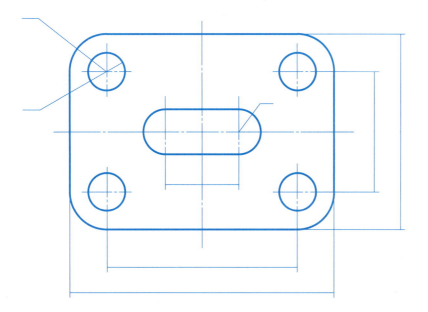

1-5　分析下列图形中尺寸标注的错误之处，并在右图中正确注出。

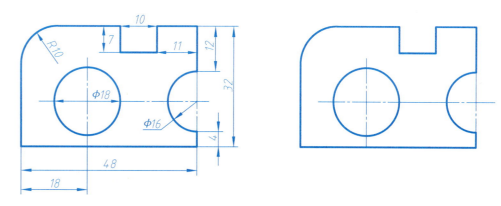

1-6　在下列图形上标注尺寸，按1：1的比例度量并取整数。

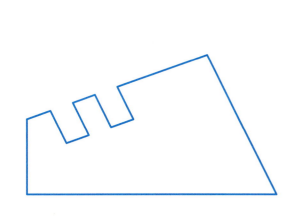

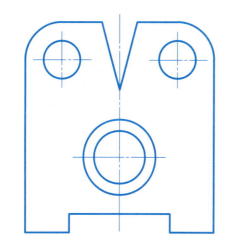

1-7　用四心法绘制椭圆，长轴长为80mm，短轴长为50mm。

1-8　分别作圆的内接和外切正六边形。

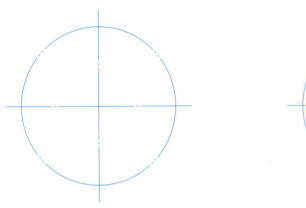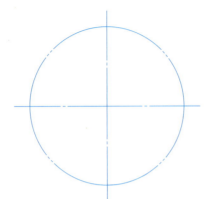

1-9　根据给定尺寸，在指定位置处采用 2：1 的比例抄画图形。

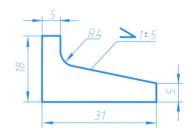

1-10　根据给定尺寸，在指定位置处采用 1：1 的比例抄画图形。

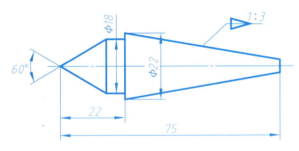

1-11　根据所给尺寸，在指定位置处画出两条连接弧。

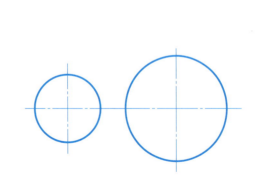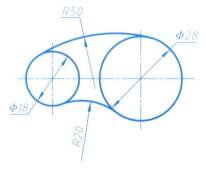

1-12　根据如下要求和提示完成平面图形绘制综合练习。

制图作业——平面图形绘制综合练习

1. 目的

通过绘制平面图形，掌握尺规绘图的方法和步骤，进一步理解圆弧连接的作图原理。

2. 内容与要求

1）根据图形尺寸，选用 A3 或 A4 图纸。

2）图名为平面图形。

3）比例为 1∶1。

3. 绘图步骤及注意事项

1）分析图形，确定基准，布置图形位置。

2）画出底稿，注意不同线型的画法。

3）校对后加深、描粗。

4）标注尺寸，填写标题栏。

（1）

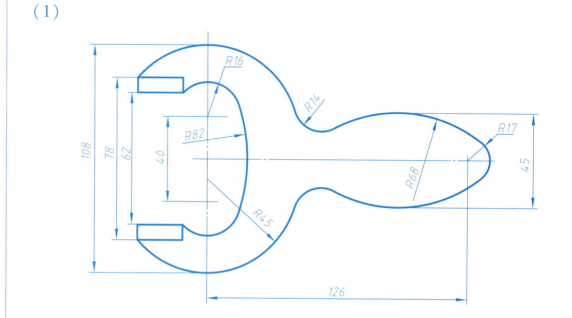

（2）

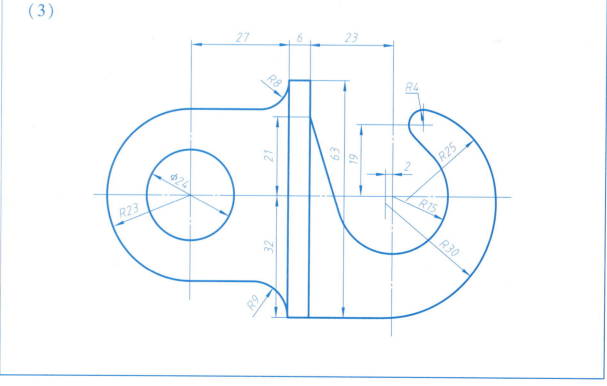

（3）

2-1　根据直观图作出各点的三面投影图，轴向坐标按 1：1 的比例量取并取整数。

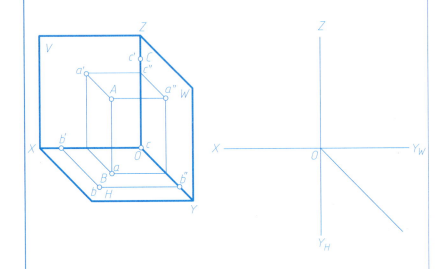

2-2　已知点 A、B 的两面投影，求作它们的第三面投影，并分析点 B 对点 A 的相对位置。

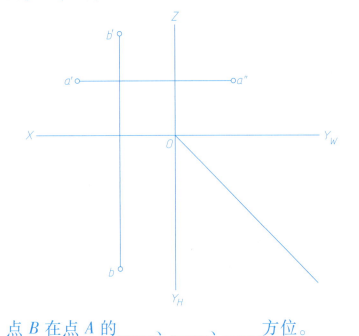

点 B 在点 A 的____、____、____方位。

2-3　已知点 A、B、C 的一面投影且点 A 在 V 面前方 30mm 处，点 B 在点 A 的左侧 10mm 处，点 C 在 H 面内，求作它们的另两面投影。

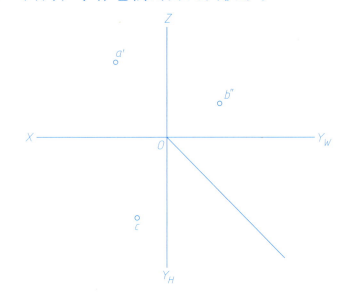

2-4　判断下列各直线的类型，并将其名称填写在横线上。

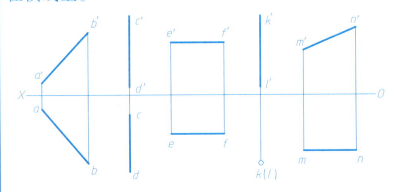

直线 AB 是_____线，

直线 CD 是_____线，

直线 EF 是_____线，

直线 KL 是_____线，

直线 MN 是_____线。

2-5　完成正平线 AB 的投影：已知 AB 的长度为 30mm，α＝30°，且点 B 在点 A 的右下方。

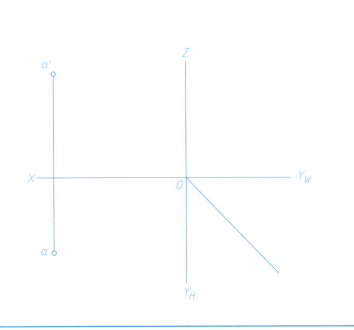

2-6　已知直线 AB 的正面投影，端点 A 在 V 面前方 12mm 处，端点 B 属于 V 面，求作该直线的另两面投影。

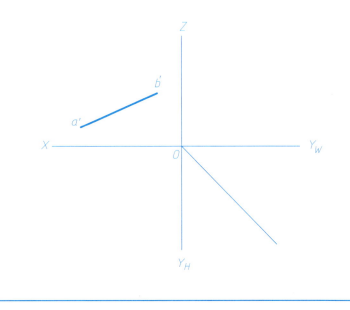

第二章 点、直线、平面的投影

班级_____ 学号_____ 姓名_____

2-7 根据给定条件作出直线 *AB* 上点 *K* 的两面投影。

（1）*AK* : *KB* = 1 : 3。

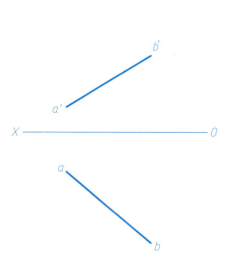

（2）*AK* : *KB* = 2 : 1。

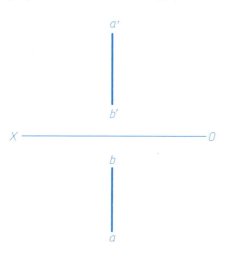

（3）点 *K* 与 *H*、*V* 面等距离。

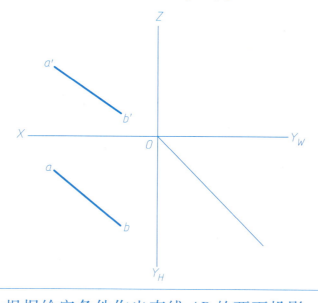

2-8 已知直线 *AB* 的倾角 α = 30°，求作直线 *AB* 的正面投影。

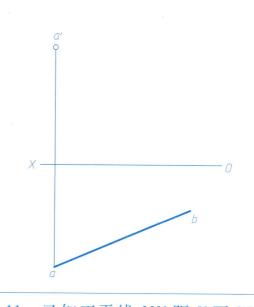

2-9 判断并填写两直线的相对位置。

（1）

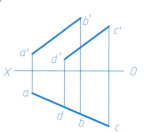

直线 *AB* 与直线 *CD* _____。

（2）

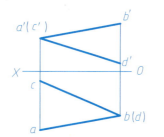

直线 *AB* 与直线 *CD* _____。

（3）

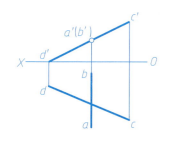

直线 *AB* 与直线 *CD* _____。

（4）

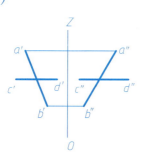

直线 *AB* 与直线 *CD* _____。

2-10 根据给定条件作出直线 *AB* 的两面投影。

（1）直线 *AB* 与直线 *PQ* 平行、同向并等长。

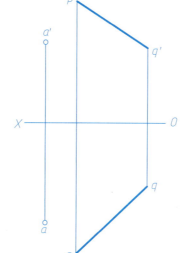

（2）直线 *AB* 与直线 *PQ* 平行且分别与直线 *EF*、*GH* 交于点 *A*、*B*。

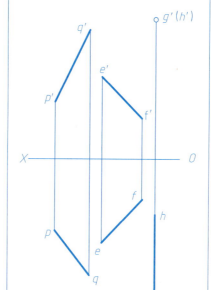

2-11 已知正平线 *MN* 距 *V* 面 25mm，且与 *AB*、*CD* 两直线均相交，求作直线 *MN* 的两面投影。

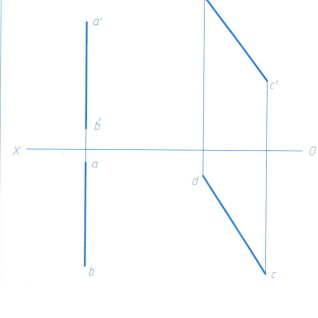

第二章 点、直线、平面的投影

班级_____ 学号_____ 姓名_____

2-12 根据直线 AB 与 CD 上重影点的投影 e'(f') 和 m"(n")，作出它们的另两面投影。

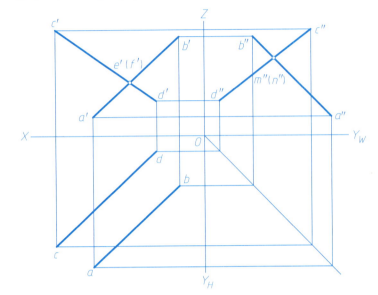

2-13 已知直线 AB 与直线 CD 相交，端点 B 在 H 面内，端点 D 距离 V 面 10mm，作出两直线的两面投影。

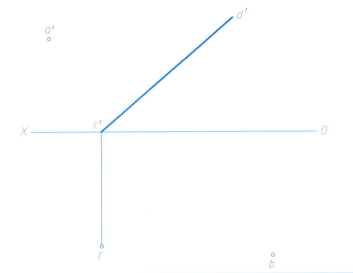

2-14 直线 AK 是等腰△ABC 的高，点 B 在 V 面前方 10mm 处，点 C 在 H 面内，求作△ABC 的两面投影。

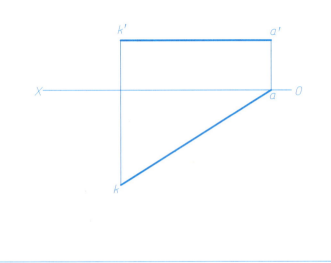

2-15 试判断平面与投影面的相对位置，并将平面类型填写在横线上。

（1）

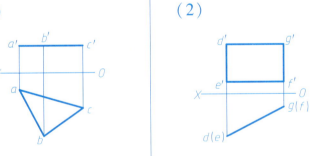

平面 ABC 为_____。

（2）

平面 DGFE 为_____。

（3）

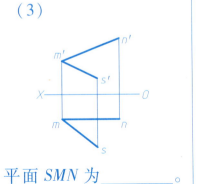

平面 SMN 为_____。

（4）

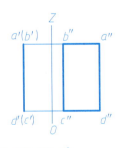

平面 ABCD 为_____。

2-16 根据已知条件完成下列平面图形的两面投影。

（1）等边△ABC 为水平面。

（2）正方形 DEFG 为正垂面。

2-17 已知铅垂面△ABC 的 β=30°，点 M 为直线 AB 与 V 面的交点，且点 B 距 V 面 10mm，试作出该三角形的两面投影。

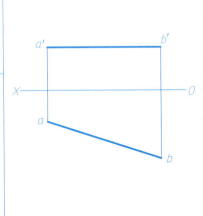

2-18　补全平面图形 *ABCDE* 的两面投影，并求出该平面内点 *M* 的水平投影。

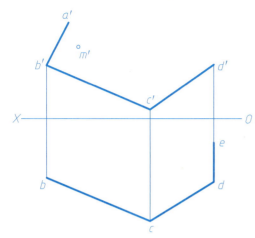

2-19　在平面 *ABC* 内取一点 *F*，使点 *F* 距 *H* 面 10mm 且距 *V* 面 20mm，作出点 *F* 的两面投影。

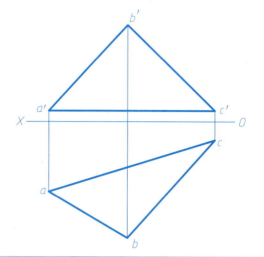

2-20　求作平面多边形的水平投影。

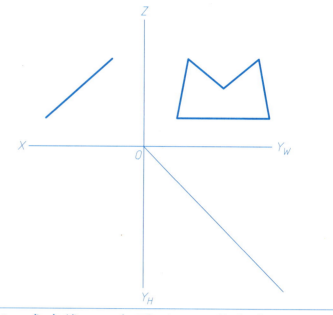

2-21　判断下列直线、平面的相对位置（相交、平行、垂直）。

（1）

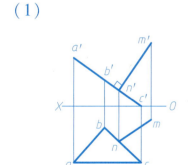

（2）

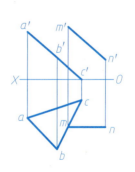

直线 *MN* 与平面 *ABC* _____。　　直线 *MN* 与平面 *ABC* _____。

（3）

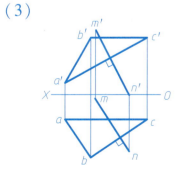

（4）

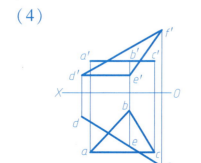

直线 *MN* 与平面 *ABC* _____。　　平面 *ABC* 与平面 *DEF* _____。

2-22　求直线 *EF* 与平面 *ABCD* 的交点 *K* 的投影，并判断可见性。

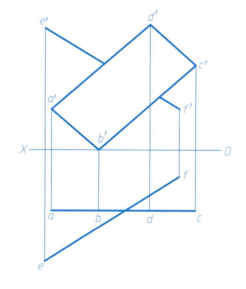

2-23　求直线 *MN* 与平面 *ABC* 的交点 *K* 的两面投影，并判断可见性。

（1）

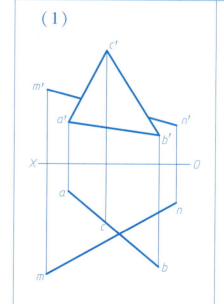

（2）

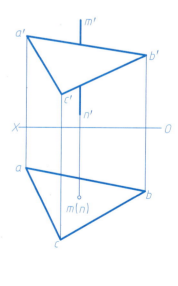

9

2-24　求直线 AB 与平面 CDEF 的交点 K 的两面投影，并判断可见性。

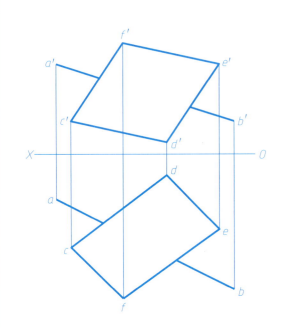

2-25　求作△ABC 与平面 EDGF 的交线 MN 的两面投影，并判断可见性。

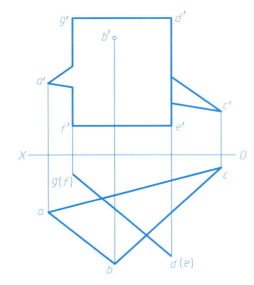

2-26　求作△ABC 与△DEF 的交线 MN 的两面投影，并判断可见性。

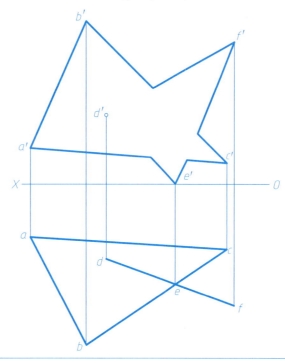

2-27　求作△ABC 与△DEF 的交线 MN 的两面投影，并判断可见性。

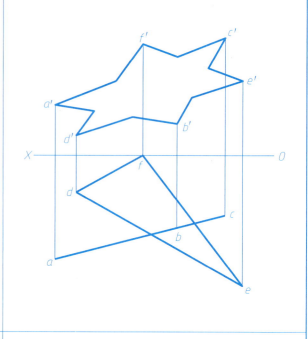

2-28　求作过点 A 且垂直于直线 CD 的直线 AB 的两面投影，并求出点 A 到直线 CD 的真实距离。

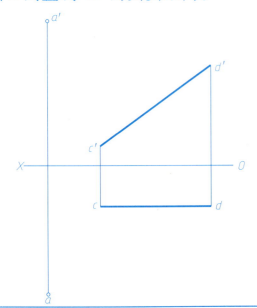

2-29　已知点 C 在 H 面上，作出等边△ABC 的两面投影。

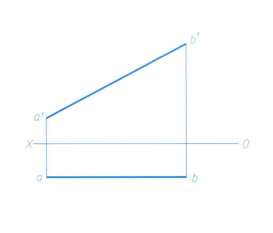

2-30　已知直线 AF 与直线 AB 垂直，作出直线 AF 的水平投影。

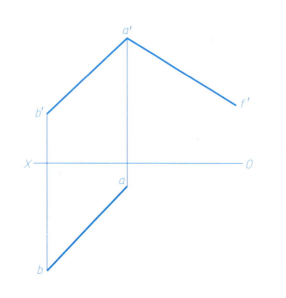

2-31　已知直线 KL 与直线 AB 平行，且与直线 EF 相交，试完成直线 KL 和直线 AB 的投影。

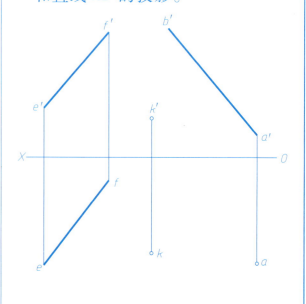

3-1　完成棱柱的第三面投影。

（1）

（2）

（3）

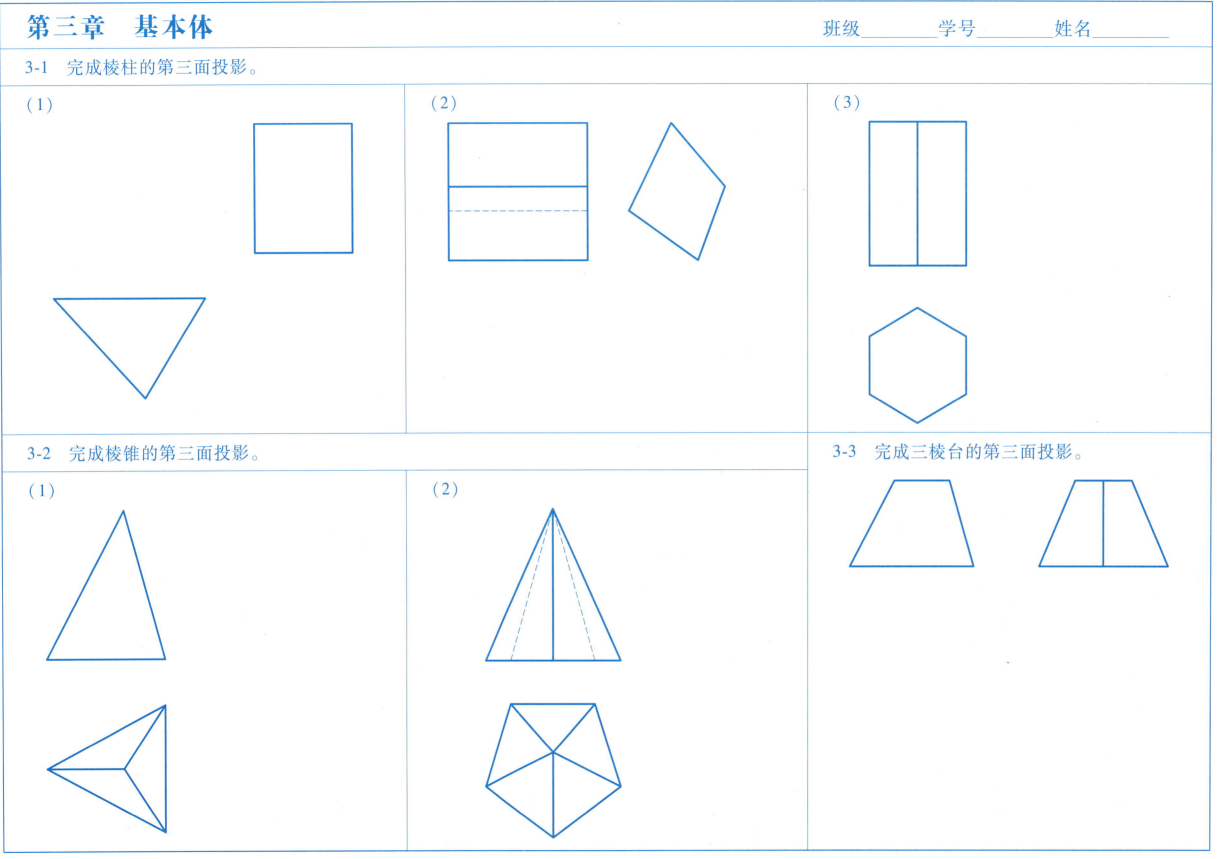

3-2　完成棱锥的第三面投影。

3-3　完成三棱台的第三面投影。

（1）

（2）

3-4　完成四棱台的第三面投影。

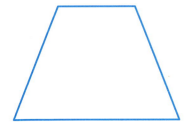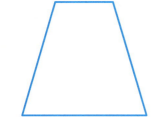

3-5　完成六棱柱的第三面投影，并补全其表面上点的投影。

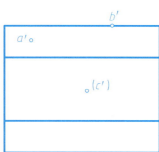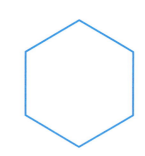

3-6　完成五棱柱的第三面投影，并补全其表面上折线的投影。

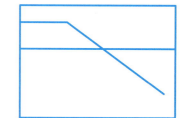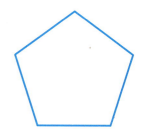

3-7　完成三棱柱的第三面投影，并补全其表面上点的投影。

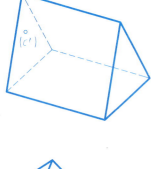

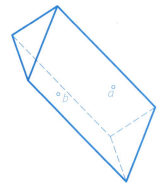

3-8　完成三棱锥的第三面投影，并补全其表面上点的投影。

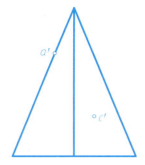

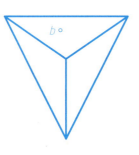

3-9　完成四棱锥的第三面投影，并补全其表面上折线的投影。

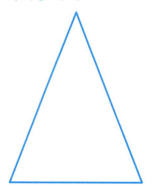

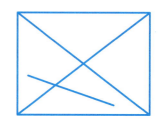

第三章　基本体

3-10　完成四棱台的第三面投影，并补全其表面上点的投影。

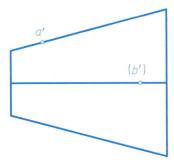 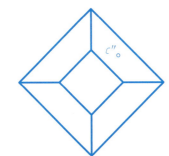

3-11　完成圆柱表面上点的投影。

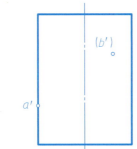 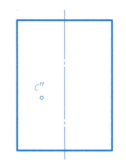

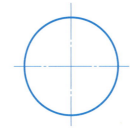

3-12　完成圆柱表面上曲线的投影。

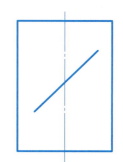 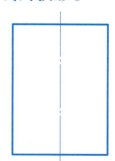

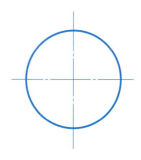

3-13　完成圆锥表面上点的投影。

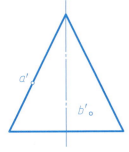 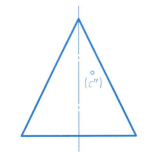

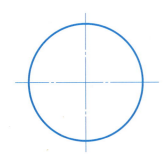

3-14　完成圆锥表面上线的投影。

（1）

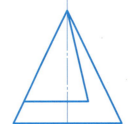 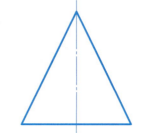

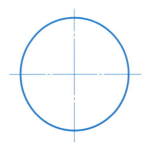

（2）

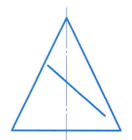 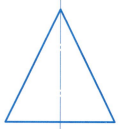

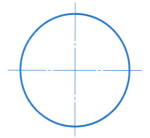

3-15　完成圆球表面上点的投影。

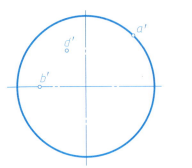
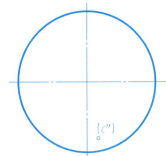
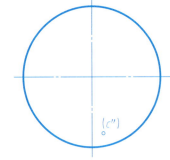

3-16　完成圆球表面上折线的投影。

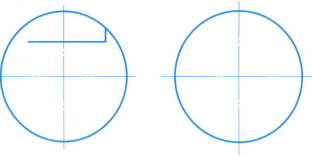

3-18　完成截切棱锥的另两面投影。
（1）

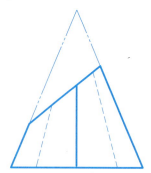
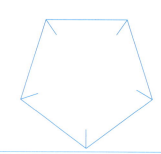

3-17　完成截切棱柱的另两面投影。

（1）

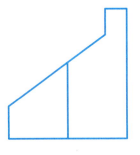

（2）

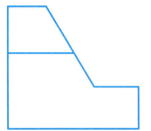
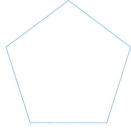

（3）

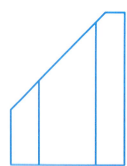
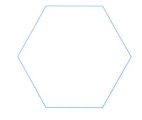

第三章　基本体

3-18　完成截切棱锥的另两面投影（续）。

（2）

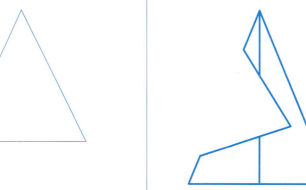

（3）

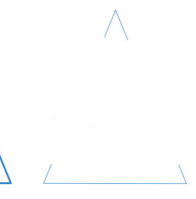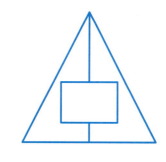

3-19　完成穿孔四棱锥的另两面投影。

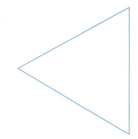

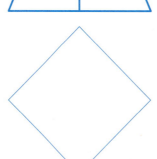

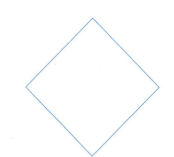

3-20　完成截切圆柱的另两面投影。

（1）

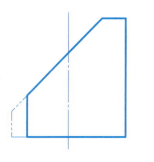

（2）

（3）

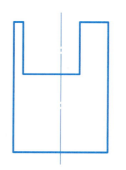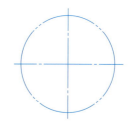

3-20　完成截切圆柱的另两面投影（续）。

（4）

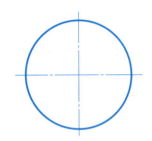 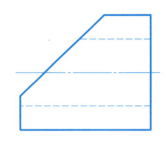

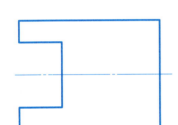 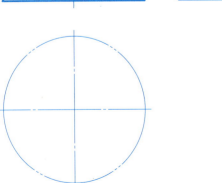

（5）

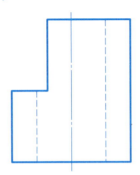

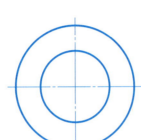

（6）

3-21　补全截切圆锥的另两面投影。

（1）

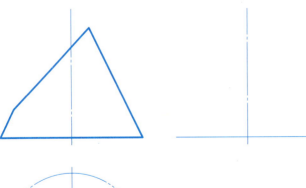

（2）

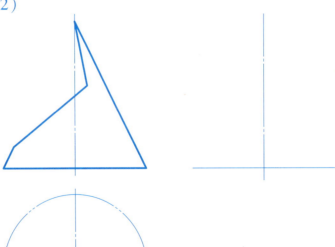 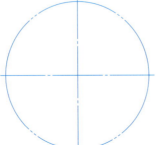

（3）

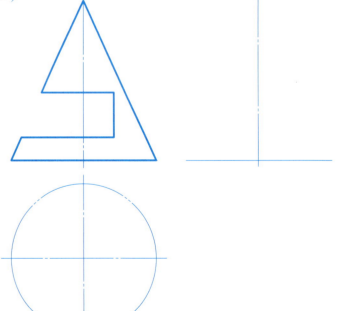

3-22 补全截切圆球的另两面投影。

（1）
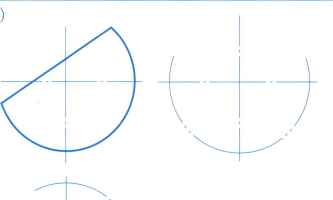

（2）
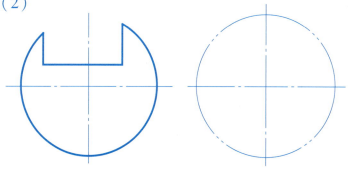

（3）
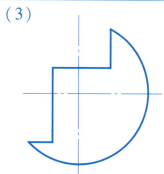
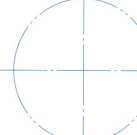
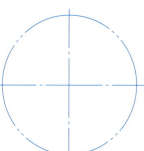

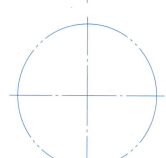

3-23 补画相贯线的投影。

（1）
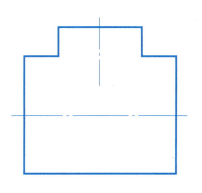

（2）
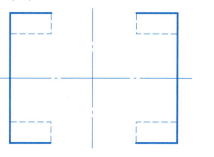

（3）
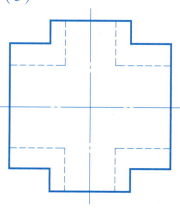
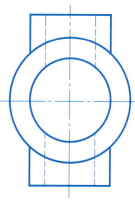
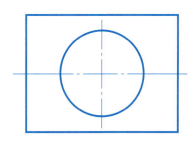
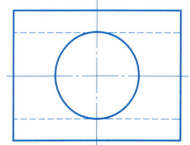
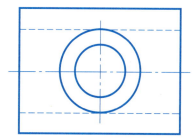

第三章 基本体

班级_____ 学号_____ 姓名_____

3-23 补画相贯线的投影（续）。

（4）
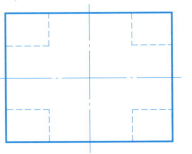 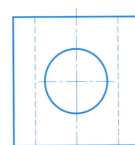 
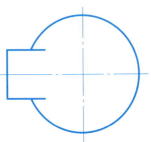

（5）
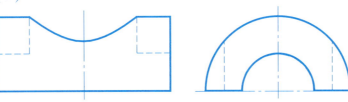
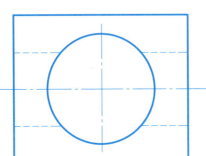

（6）
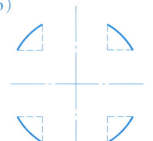 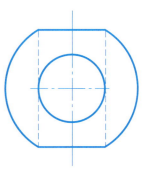
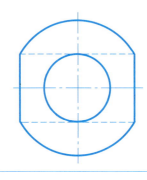

3-24 补画正面投影和水平投影中的漏线。

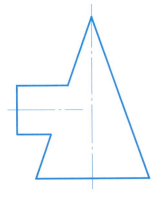 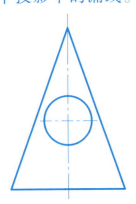
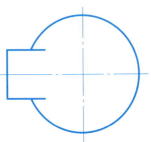

3-25 补画侧面投影和水平投影中的漏线。

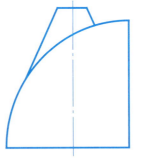 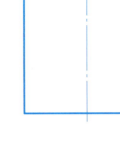

3-26 补画正面投影和水平投影中的漏线。

（1）
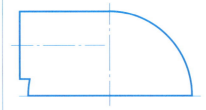 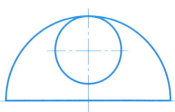
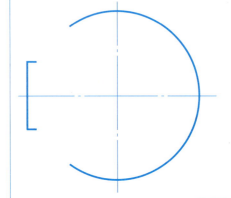

3-26 补画正面投影和水平投影中的漏线（续）。

3-27 补画正面投影和侧面投影中的漏线。

（2）

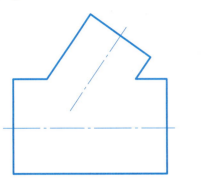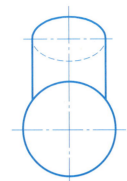

（1）

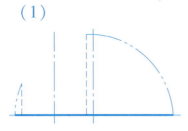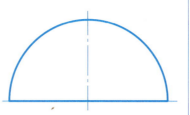

（2）

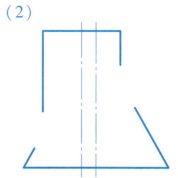

3-28 补画正面投影和水平投影中的漏线。

（1）

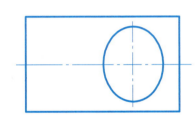

（2）

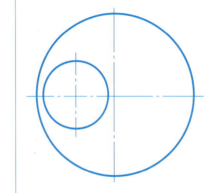

（3）

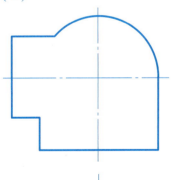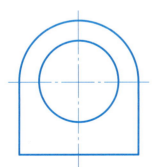

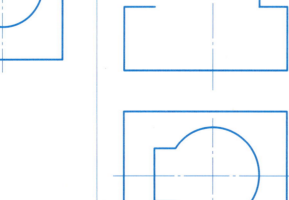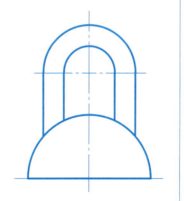

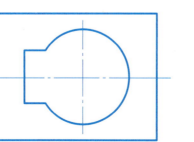

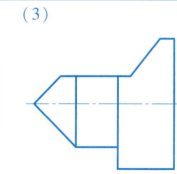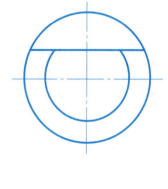

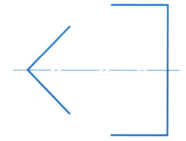

班级_____　学号_____　姓名_____

4-1　参照立体图，补画组合体三视图中的漏线。

（1）
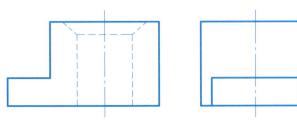 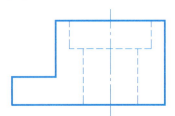
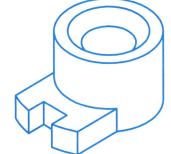

（2）
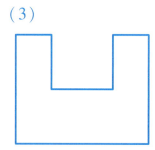 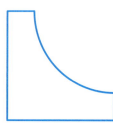
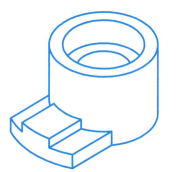

（3）
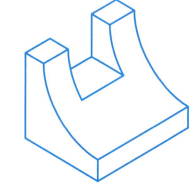

（4）

 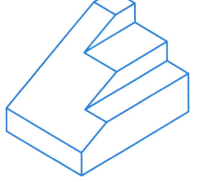

（5）
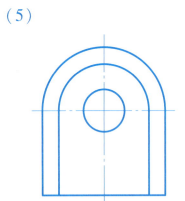 
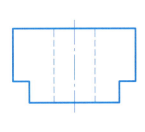 

（6）
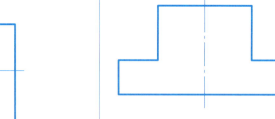 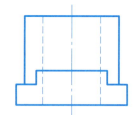
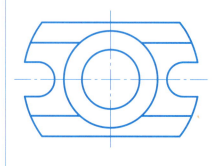 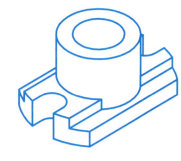

4-1　参照立体图，补画组合体三视图中的漏线（续）。

（7）

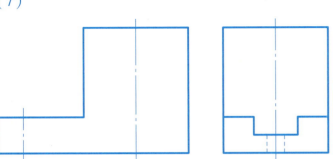
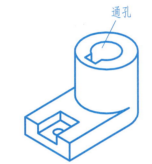

通孔

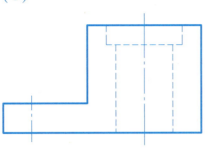

（8）

（9）

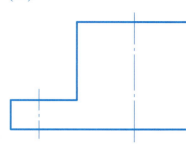
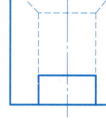

通孔

（10）

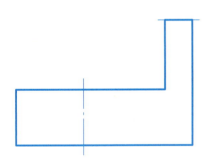
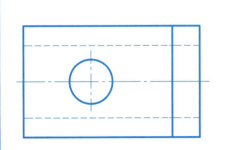

（11）

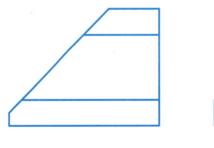
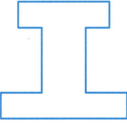
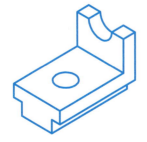

（12）

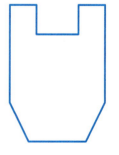

4-2　根据所给立体图，以箭头方向为主视图投射方向，找出对应的三视图并将相应字母填入括号中。

（1） 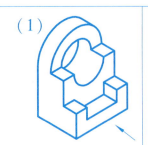	（2） 	（3） 	（4） 	（5） 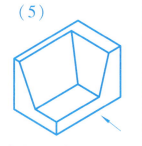	（6） 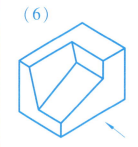	（7） 	（8） 
主视图为（　），俯视图为（　），左视图为（　）。	主视图为（　），俯视图为（　），左视图为（　）。	主视图为（　），俯视图为（　），左视图为（　）。	主视图为（　），俯视图为（　），左视图为（　）。	主视图为（　），俯视图为（　），左视图为（　）。	主视图为（　），俯视图为（　），左视图为（　）。	主视图为（　），俯视图为（　），左视图为（　）。	主视图为（　），俯视图为（　），左视图为（　）。

A. 	B. 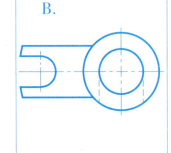	C. 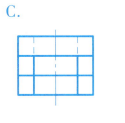	D. 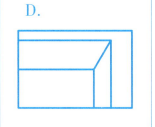	E. 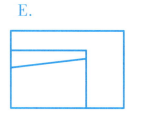	F. 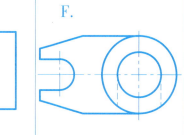	G. 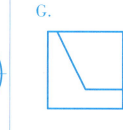	H. 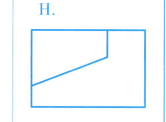

I. 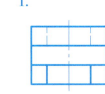	J. 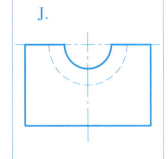	K. 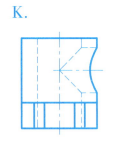	L. 	M. 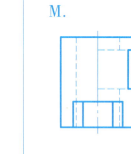	N. 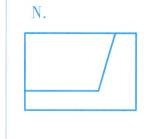	O. 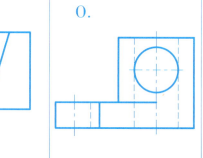	P.

Q. 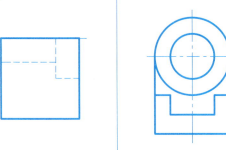	R. 	S. 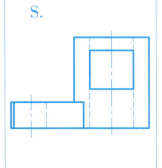	T. 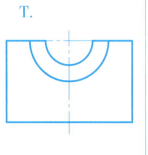	U. 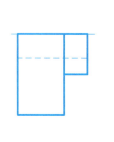	V. 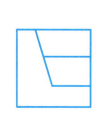	W. 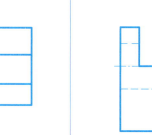	X. 

班级_____　学号_____　姓名_____

4-3　参照立体图，徒手补画组合体第三视图。

(1)

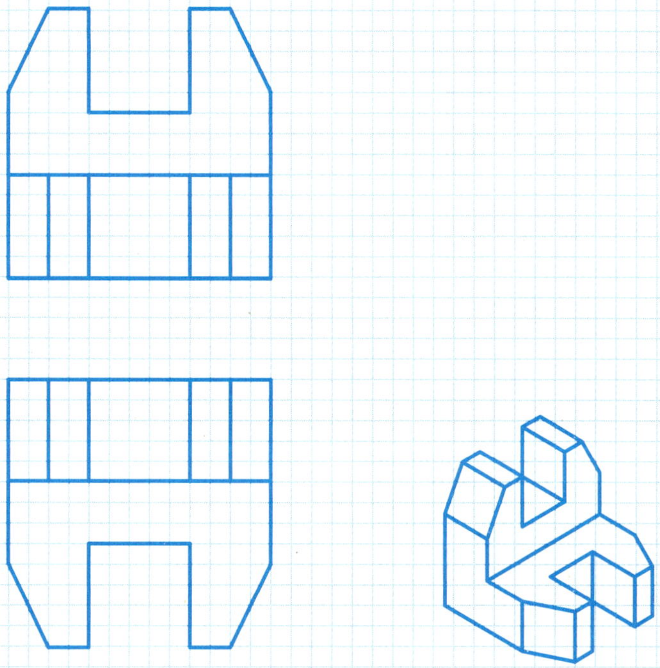

(2)

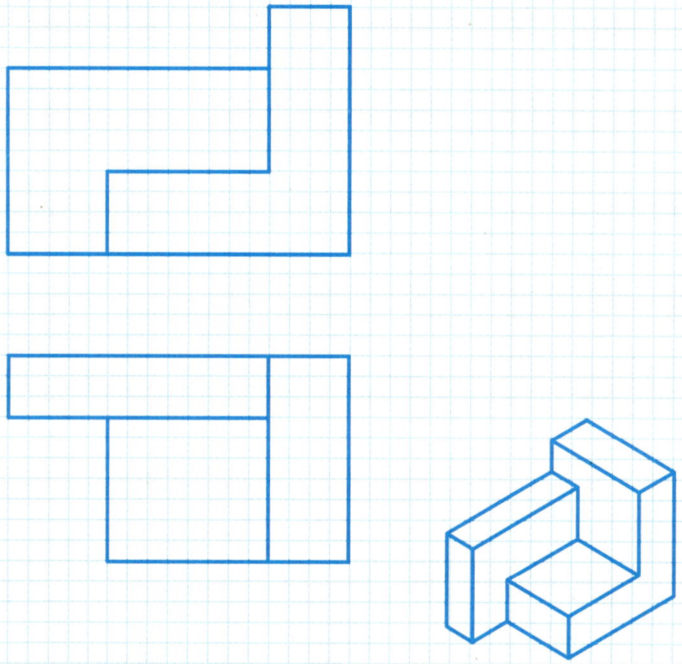

(3)

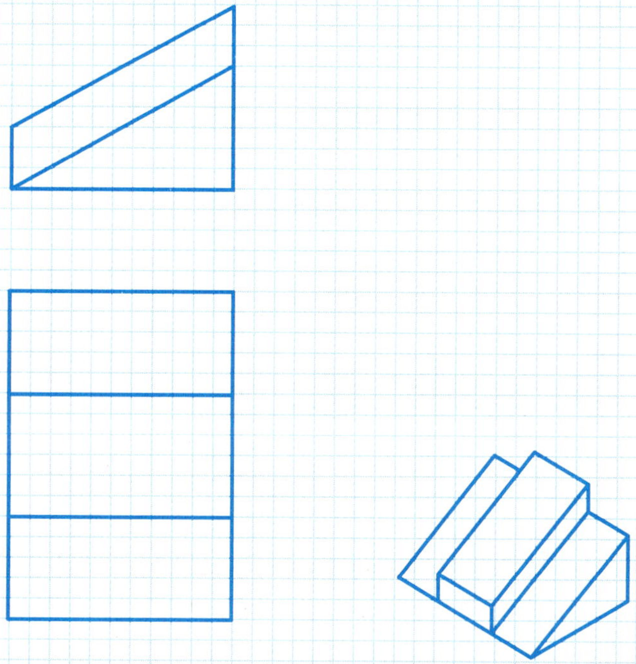

(4)

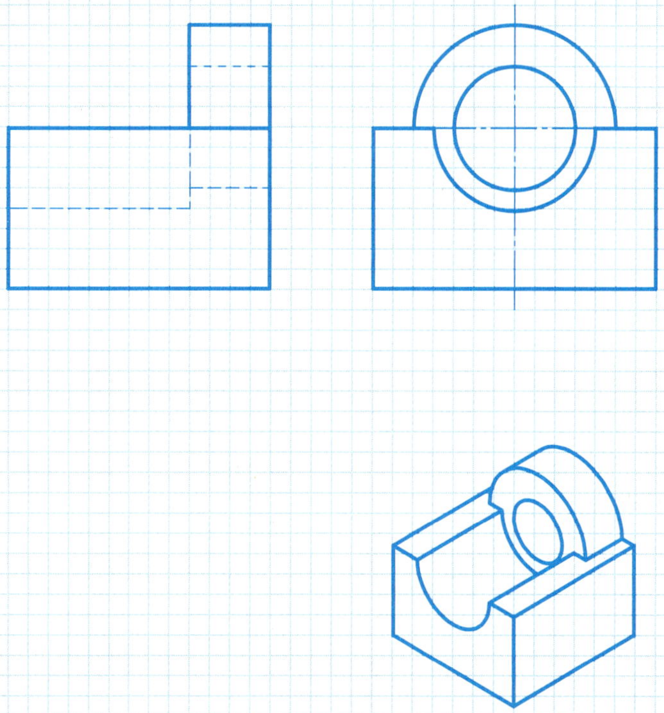

(5)

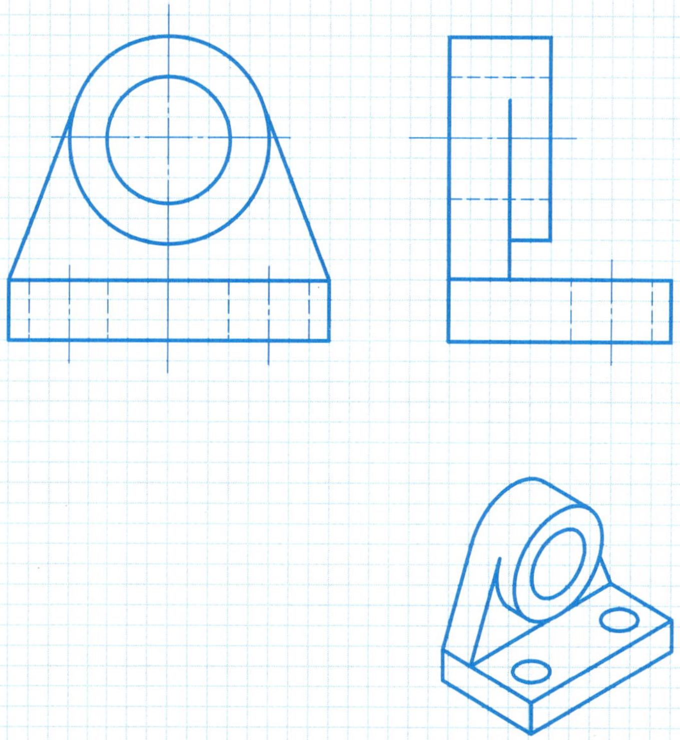

(6)

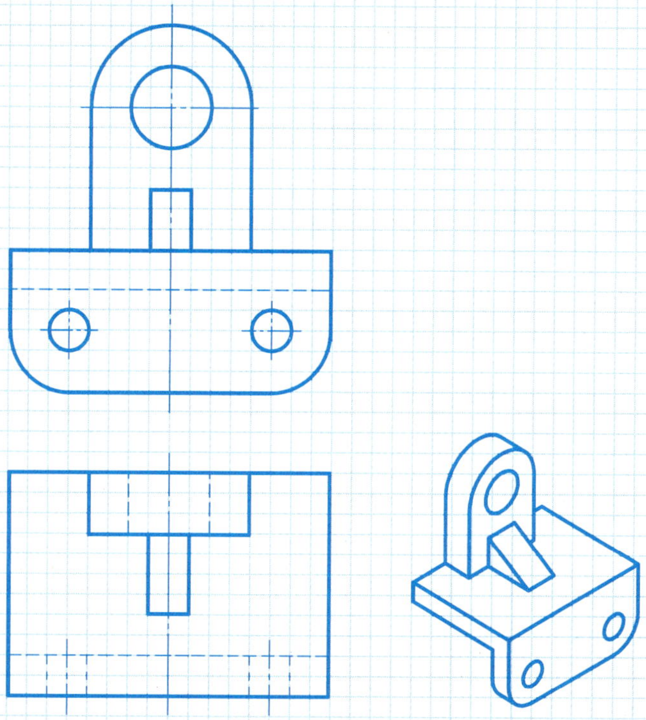

4-4 根据组合体的两视图，补画第三视图。

（1）

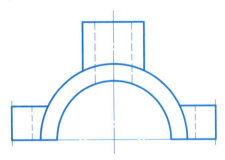

（2）

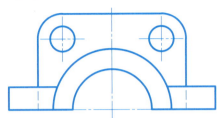

（3）

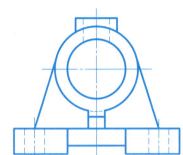

（4）

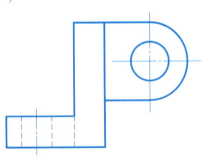

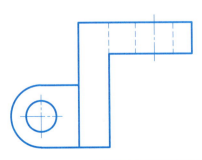

（5）

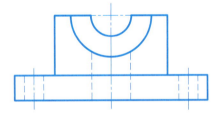

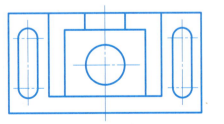

（6）

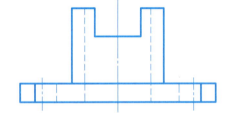

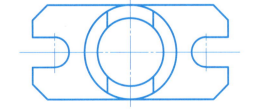

班级_____　学号_____　姓名_____

4-4　根据组合体的两视图，补画第三视图（续）。

（7）

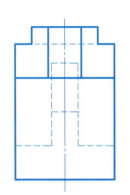

（8）

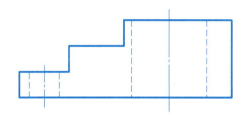

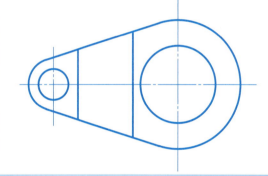

（9）

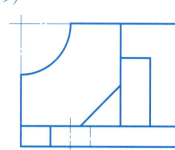

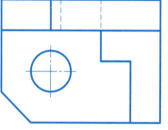

（10）

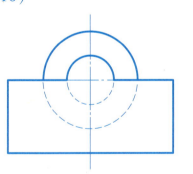

（11）

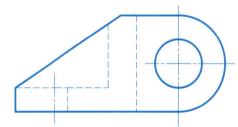

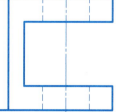

（12）

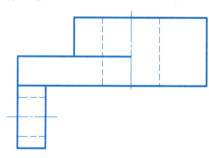

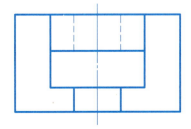

4-4　根据组合体的两视图，补画第三视图（续）。

（13）

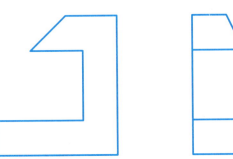

（14）

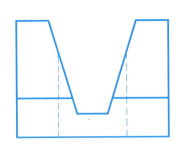

（15）

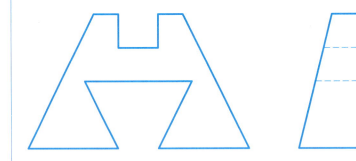

（16）

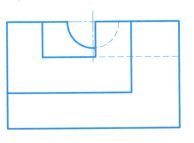

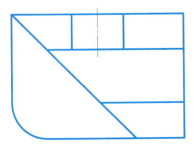

（17）

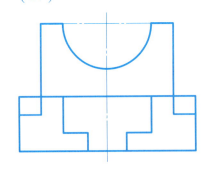

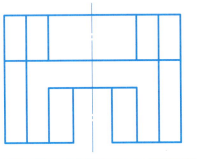

（18）

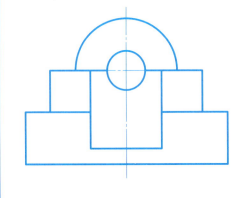

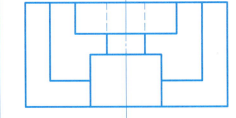

4-4 根据组合体的两视图，补画第三视图（续）。

（19）

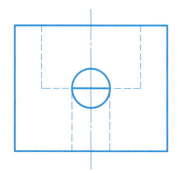

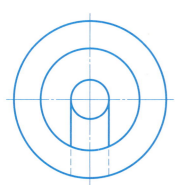

（20）

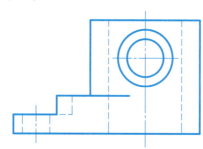

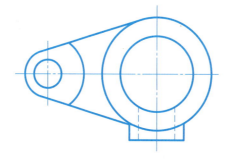

（21）

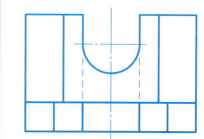

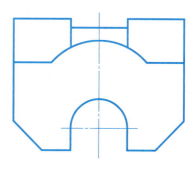

（22）

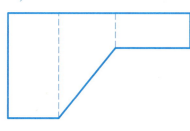

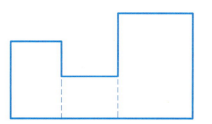

（23）

（24）

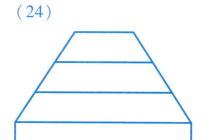

班级＿＿＿＿＿　学号＿＿＿＿＿　姓名＿＿＿＿

4-4　根据组合体的两视图，补画第三视图（续）。

（25）

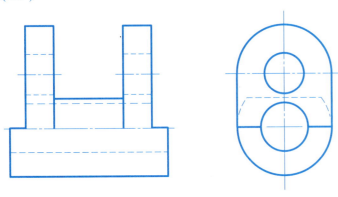

（26）

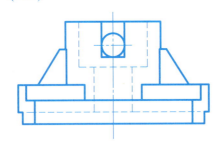

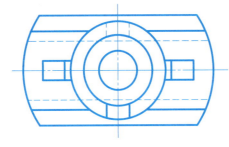

（27）

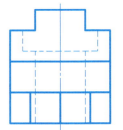

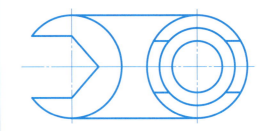

（28）

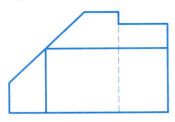

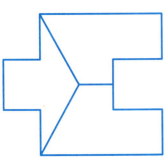

（29）

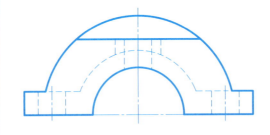

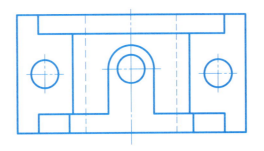

（30）

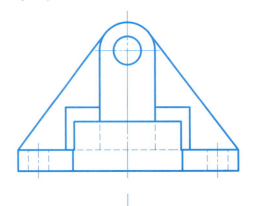

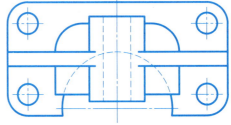

4-4　根据组合体的两视图，补画第三视图（续）。

（31）

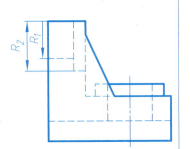
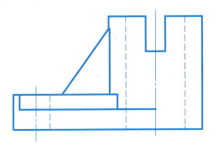
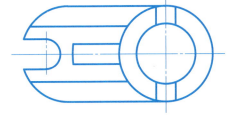

（32）

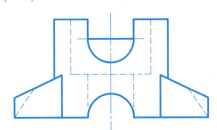
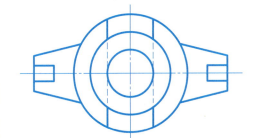
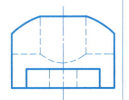
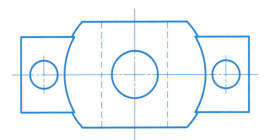

（33）

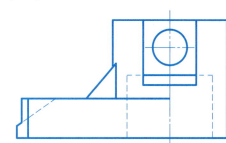
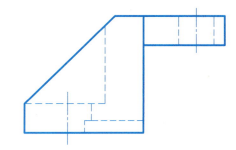

（34）

（35）

（36）

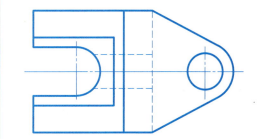

4-5 根据组合体的视图标注尺寸，尺寸数值按 1：1 的比例量取并取整数。

（1）

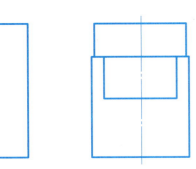

（2）

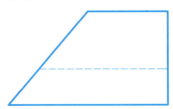

（3）

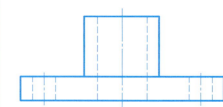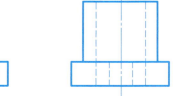

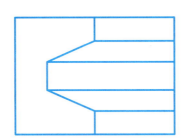

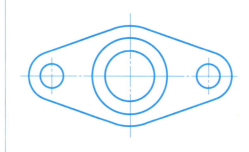

（4）

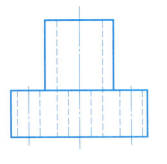

（5）

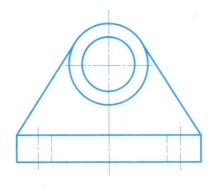

（6）

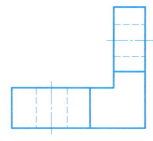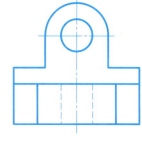

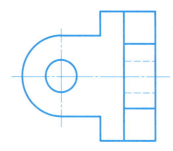

4-6　根据组合体的两视图标注尺寸，尺寸数值按 1：1 的比例量取并取整数。

（1）

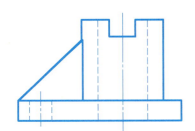

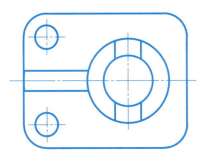

（2）

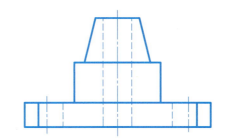

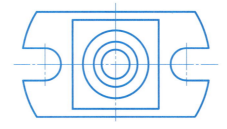

（3）

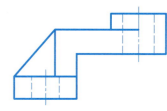

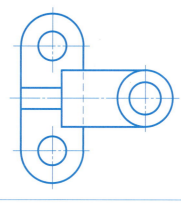

（4）

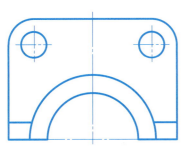

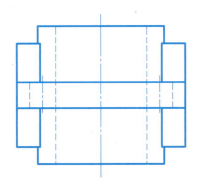

（5）

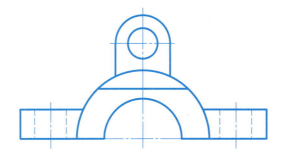

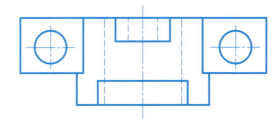

（6）

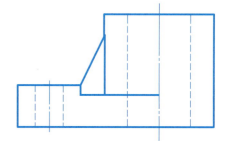

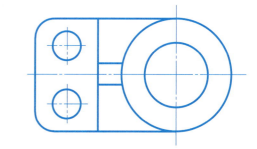

班级＿＿＿＿ 学号＿＿＿＿ 姓名＿＿＿＿

4-7 根据组合体的两视图，补画第三视图。

（1）

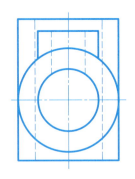

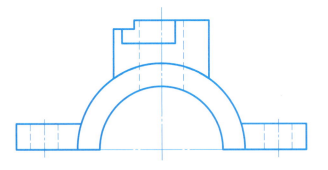

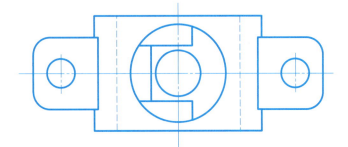

（2）

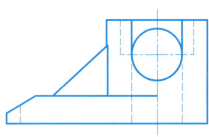

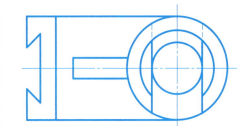

（3）

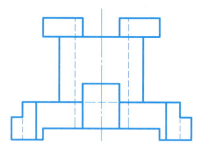

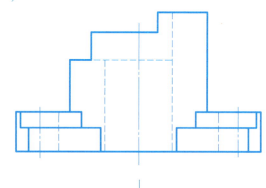

（4）

（5）

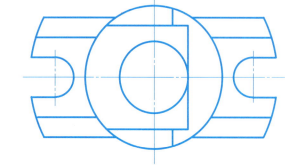

第四章　组合体

4-8　根据如下要求和提示完成组合体三视图绘制综合练习。

制图作业——组合体三视图绘制综合练习

1. 目的

通过绘制组合体三视图，掌握组合体三视图画图方法和步骤，以及三视图尺寸标注方法。

2. 内容与要求

1）根据给出的立体轴测图，选用 A3 图纸。

2）图名为组合体三视图。

3）比例为 1∶1。

3. 绘图步骤及注意事项

1）确定主视图投影方向，进而确定俯视图和左视图，绘制三视图。

2）标注尺寸，尺寸标注要完整、正确、清晰、合理。

3）填写标题栏。

（1）

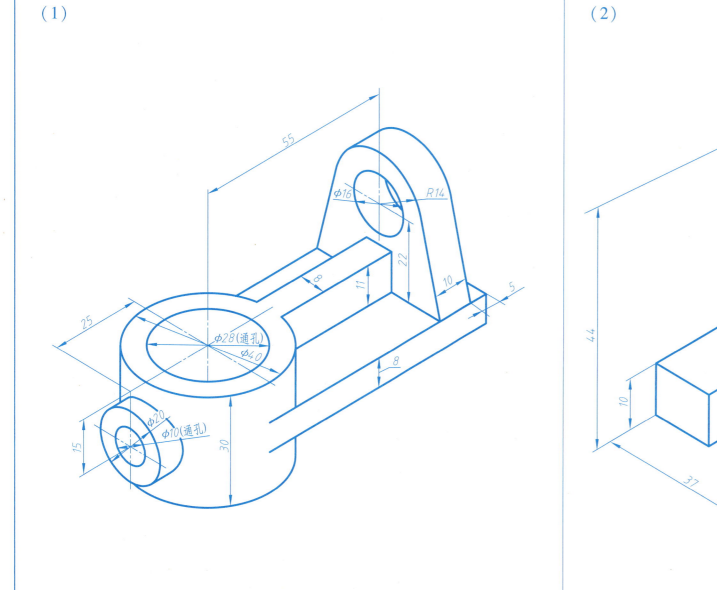

（2）

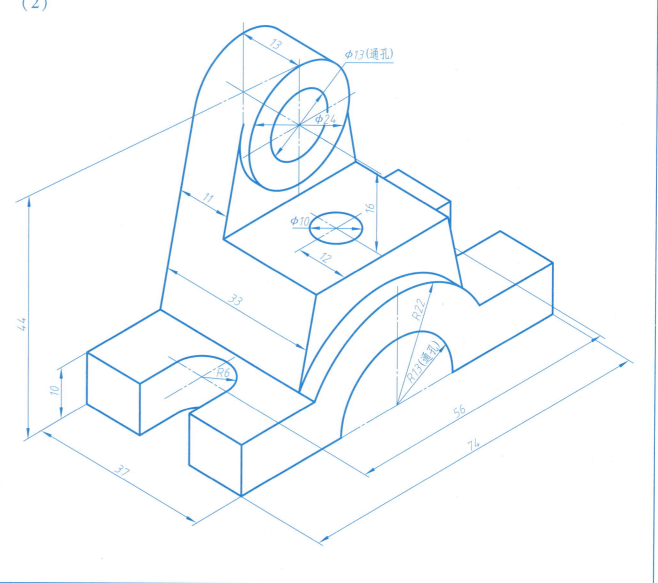

5-1　根据视图徒手画出下列物体的正等轴测图，尺寸以网格单位长度取整。

（1）

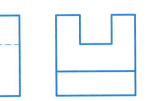

（2）

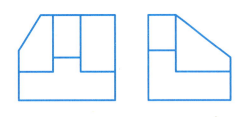
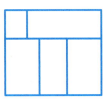

（3）

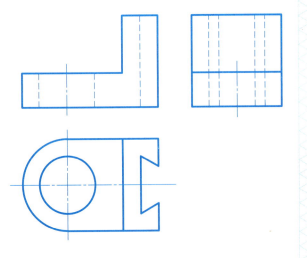

（4）

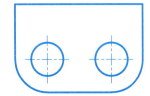

第五章 轴测图

5-2 根据视图徒手画出下列物体的斜二等轴测图，尺寸以网格单位长度取整。

（1）

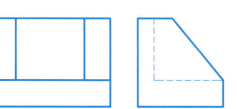

（2）

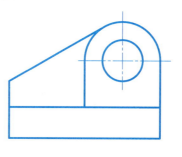

（3）

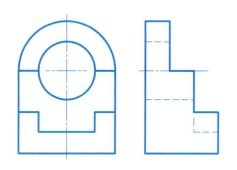

（4）

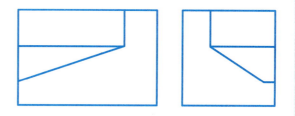

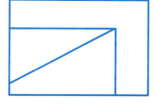

6-1　画出机件的其他基本视图。

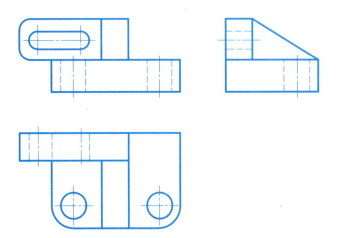

6-2　画出机件的 A 向视图。

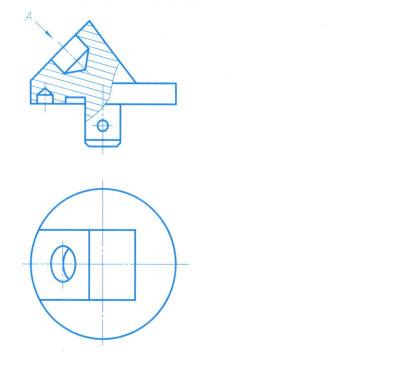

6-3　画出机件的 A 向和 B 向局部视图。

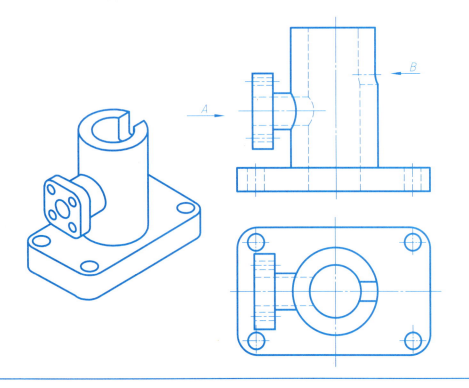

6-4　画出机件的 A 向和 B 向视图。

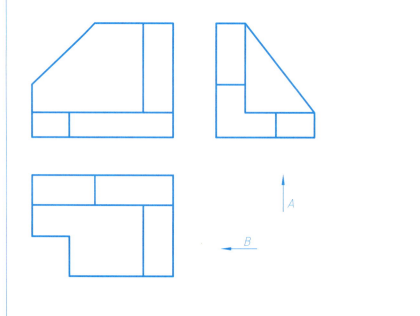

6-5　画出全剖的主视图，缺少的尺寸从立体图中量取。

（1）

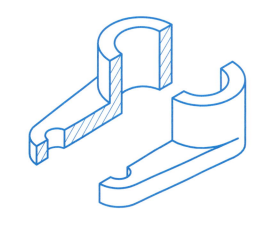

（2）

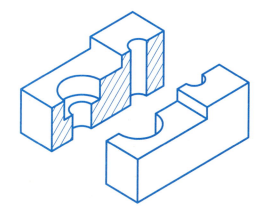

（3）

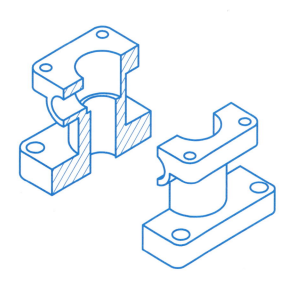

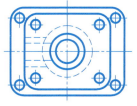

（4）

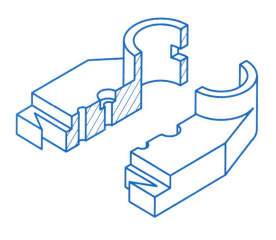

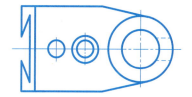

6-6　补全剖视图中缺少的图线。

（1）

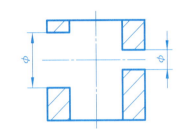

（2）

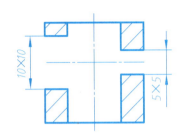

（3）

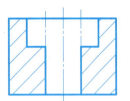

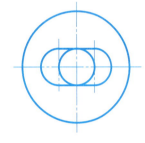

（4）

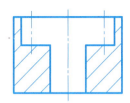

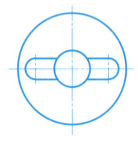

（5）

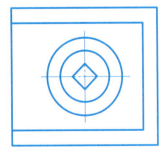

（6）

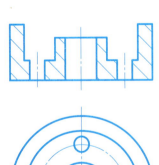

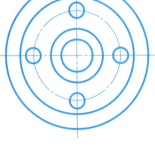

（7）

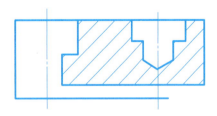

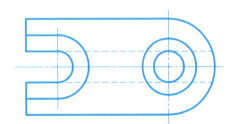

（8）

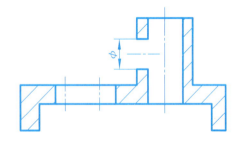

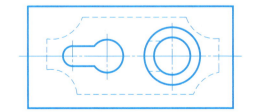

班级＿＿＿＿　学号＿＿＿＿　姓名＿＿＿＿

6-7　将主视图改画成全剖视图。

（1）

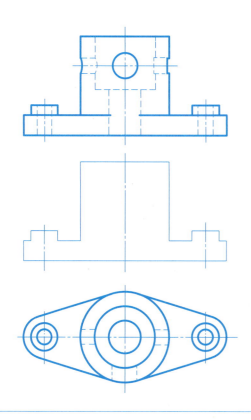

（2）

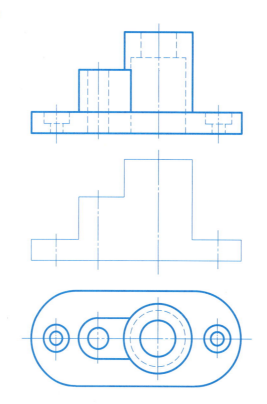

（3）

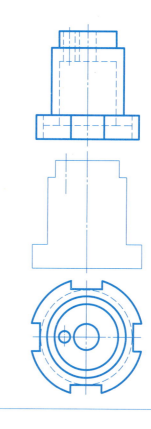

6-8　补画第三视图，并将其画成全剖视图。

（1）

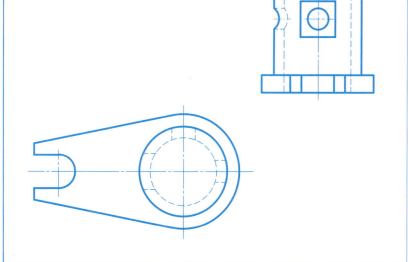

（2）

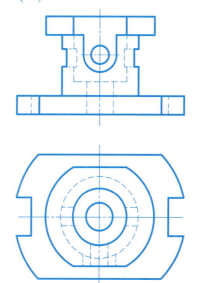

（3）

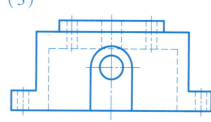

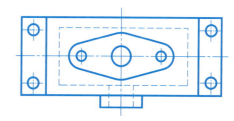

6-9　画出 C—C 全剖视图。

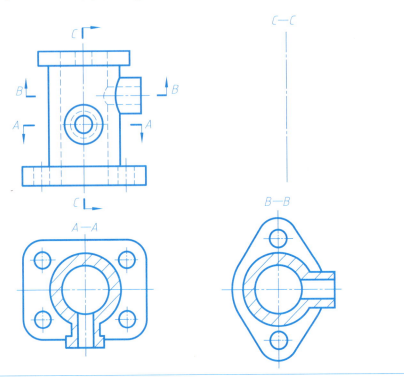

6-10　画出 A—A、B—B 半剖视图。

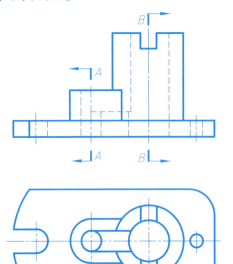

6-11　画出半剖的左视图。

（1）

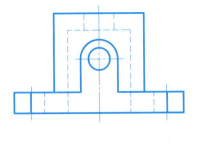

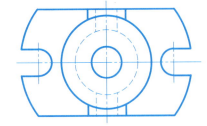

（2）

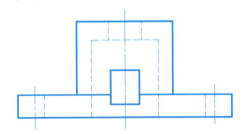

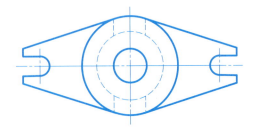

6-12　画出半剖的左视图和 A—A 半剖视图。

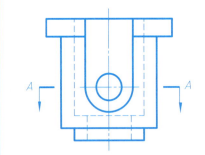

A—A

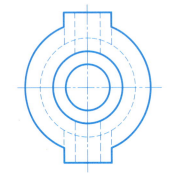

6-13　补画剖视图中的漏线。

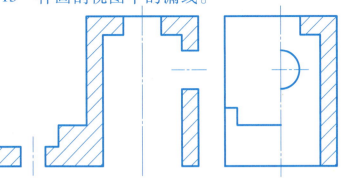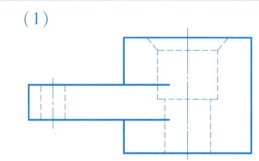

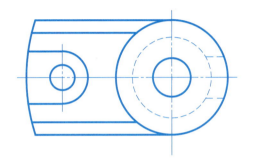

6-14　采用适当的剖视图表达方法，补画第三视图。

（1）

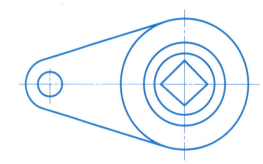

（2）

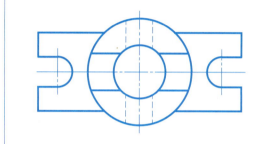

（3）

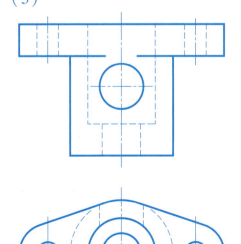

（4）

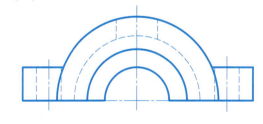

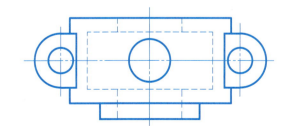

（5）

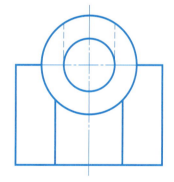

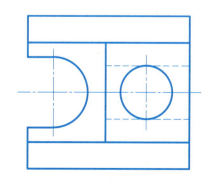

6-15　在指定位置画出全剖的主视图和半剖的左视图。

6-16　在指定位置画出半剖的主视图和全剖的左视图。

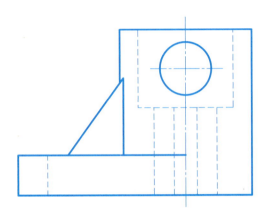

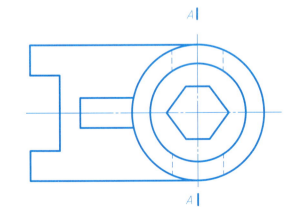

A—A

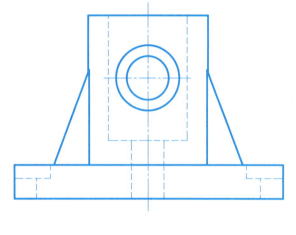

A—A

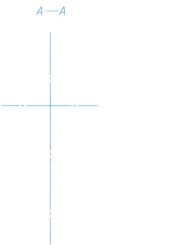

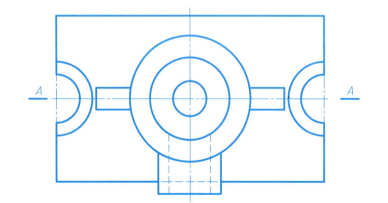

6-17　在指定位置画出半剖的主视图和全剖的左视图。

6-18　在指定位置画出半剖的主视图和半剖的左视图。

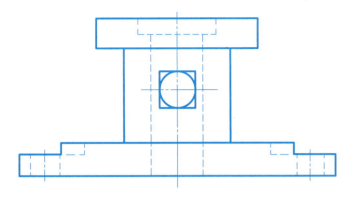

A—A

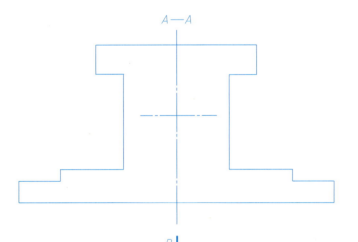

B—B

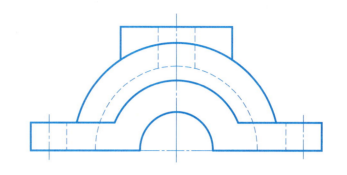

A—A

B—B

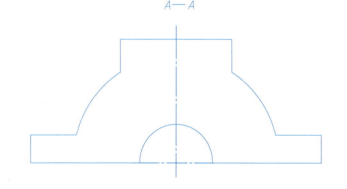

B

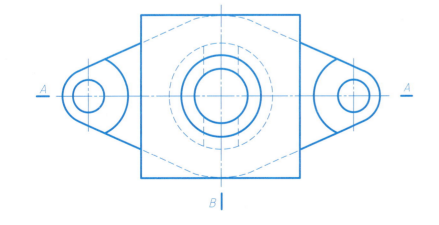

A　　　　　　　　A

B

B

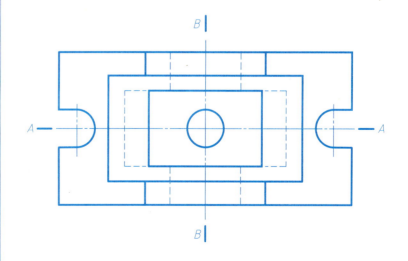

A　　　　　　　A

B

第六章　机件的表达方法

6-19　改正局部剖视图中的错误，在应删去的图线上打"×"。

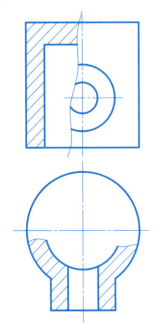

6-20　作局部剖视图，在原图上改画，并在应删去的图线上打"×"。

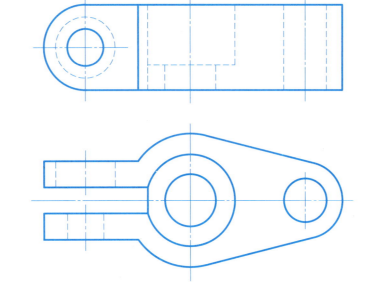

6-22　在指定位置处，采用几个平行的剖切平面将主视图改画成全剖视图，并合理添加标注。

（1）

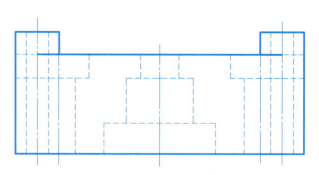

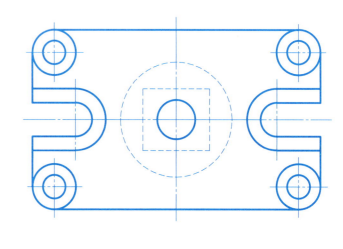

6-21　画出 A—A 斜剖视图。

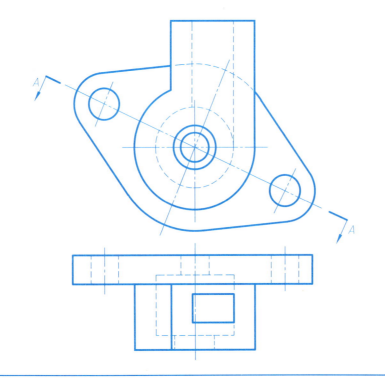

44

6-22　在指定位置处，采用几个平行的剖切平面将主视图改画成全剖视图，并合理添加标注（续）。

（2）

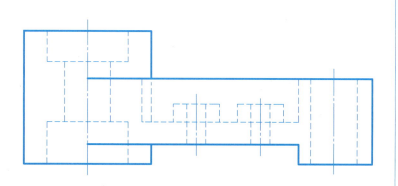

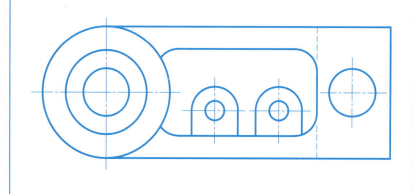

6-23　在指定位置处，采用几个相交的剖切平面将俯视图改画成全剖视图，并合理添加标注。

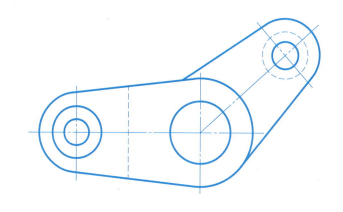

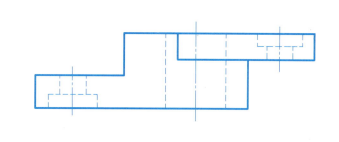

6-24　在指定位置处，采用几个相交的剖切平面将主视图改画成全剖视图，并合理添加标注。

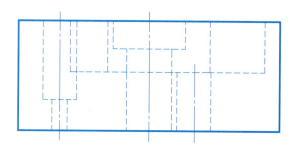

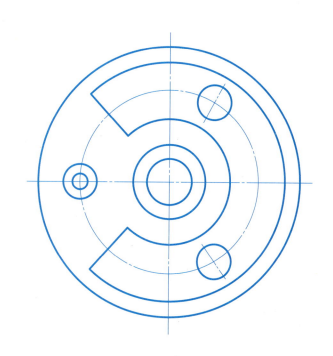

6-25　在指定位置处画移出断面图。

（1）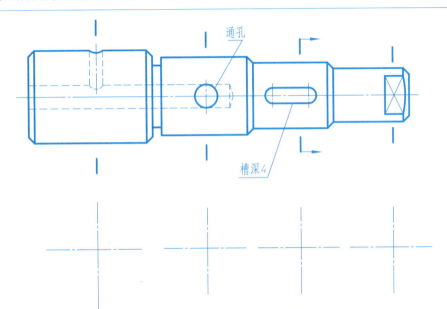

通孔

槽深4

（2）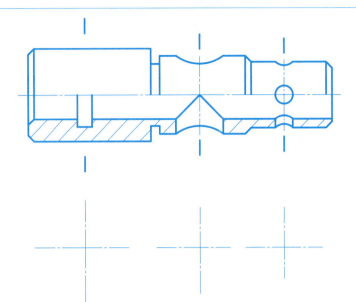

6-26　选择正确的断面图。

（1）正确的断面图是（　　　　）。

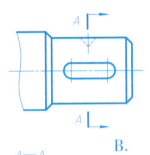

A.　　　　B.　　

C.　　　　D.　　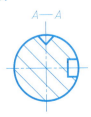

（2）正确的断面图是（　　　　）。

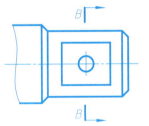

A.　　　　B.　　

C.　　　　D.　　

（3）正确的断面图是（　　　　）。

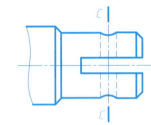

A.　　　　B.　　

C.　　　　D.　　

6-27　在空白处作出 *B—B*、*C—C* 移出断面图。

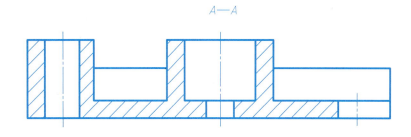

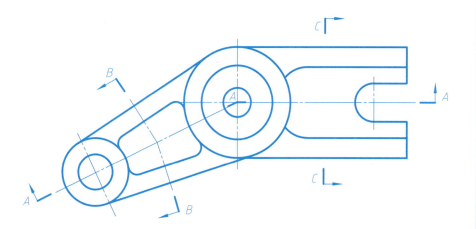

6-28　画出 T 形肋板的重合断面图。

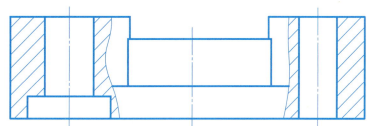

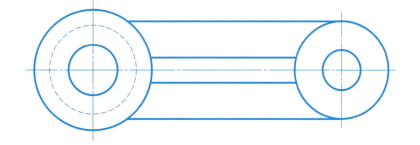

6-29　在指定位置处将主视图改画成全剖视图。

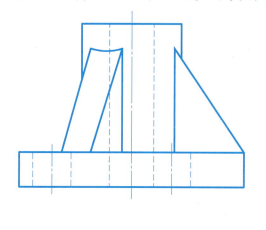

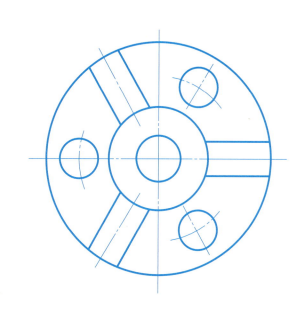

6-30　根据如下要求和提示完成机件表达方法综合练习。

制图作业——机件表达方法综合练习

1. 目的

进一步理解、巩固与综合应用本章所学内容。

2. 内容与要求

1）根据机件轴测图合理选择表达方案，应将机件内、外结构表达清楚。

2）将（1）、（2）两题画在同一张 A3 图纸上。

3）图名为机件表达方法综合练习。

4）比例为 1∶1。

3. 绘图步骤及注意事项

1）仔细分析所绘机件，综合本章所学内容，确定正确的表达方案。

2）根据规定的图幅和比例，合理布置各视图的位置。

3）完成底稿后，仔细校核后用铅笔加深。

4）所有孔均为通孔。

（1）

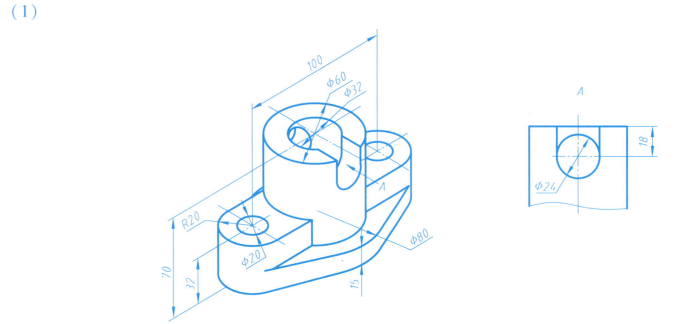

（2）

7-1　读图回答问题。

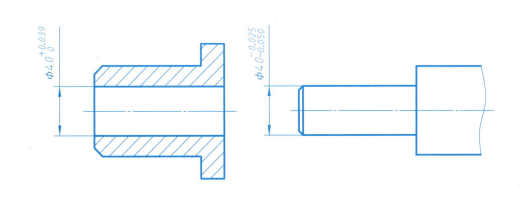

（1）孔尺寸 $\phi40^{+0.039}_{0}$ 表示：公称尺寸为_____，上极限尺寸为_____，下极限尺寸为_____。该孔的上极限偏差为_____，下极限偏差为_____，公差为_____。基本偏差代号为_____，标准公差等级为_____，公差带代号为_____。

（2）轴尺寸 $\phi40^{-0.025}_{-0.050}$ 表示：公称尺寸为_____，上极限尺寸为_____，下极限尺寸为_____。该轴的上极限偏差为_____，下极限偏差为_____，公差为_____。基本偏差代号为_____，标准公差等级为_____，公差带代号为_____。

（3）轴和孔配合后属于_____制的_____配合。

7-2　读图回答问题，并查出偏差值在零件图上进行尺寸标注。

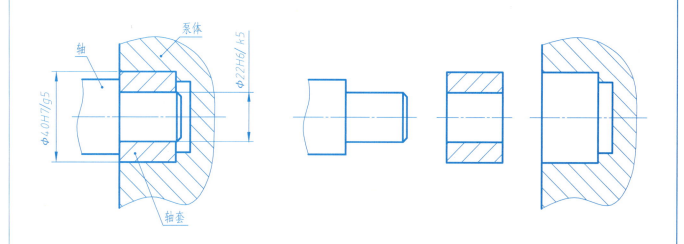

（1）轴套与泵体的配合尺寸 $\phi40H7/g5$ 表示：公称尺寸为_____，轴套与泵体的配合属于基_____制的_____配合。轴套的上极限偏差为_____，下极限偏差为_____，标准公差等级为_____。泵体的上极限偏差为_____，下极限偏差为_____，标准公差等级为_____。

（2）轴套与轴的配合尺寸 $\phi22H6/k5$ 表示：公称尺寸为_____，轴套与轴的配合属于基_____制的_____配合。轴套的上极限偏差为_____，下极限偏差为_____，标准公差等级为_____。轴体的上极限偏差为_____，下极限偏差为_____，标准公差等级为_____。

7-3　将表中给定的表面结构要求标注在零件的相应表面上。

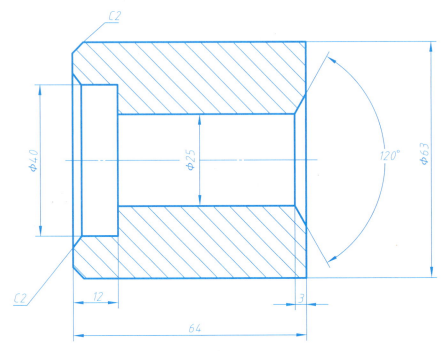

7-4　用文字说明下图中几何公差的含义。

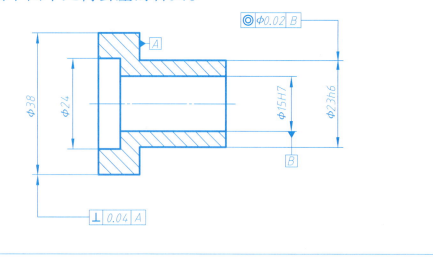

⊥ | 0.04 | A ：_____。

◎ | φ0.02 | B ：_____。

7-5　标注零件的几何公差。
（1）φ18 孔轴线的直线度公差为 φ0.02。
（2）φ18 孔轴线对底面的平行度公差为 0.03。

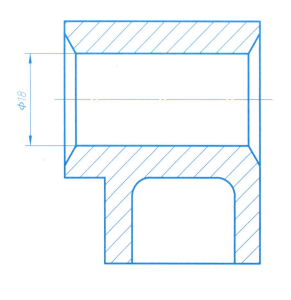

标注表面	表面结构要求
120°锥面	√ Ra 12.5
φ40 孔表面	√ Ra 6.3
φ25 孔表面	√ Ra 3.2
φ63 外圆柱面	√ Ra 1.6
左端面	√ Ra 12.5
右端面	√ Ra 12.5
其余表面	√

7-6 读主动轴零件图，已知齿轮齿数 $z=18$，模数 $m=2$，齿面 $Ra=0.8$，标注齿轮部分的尺寸及齿面的粗糙度要求，在指定位置处画出移出断面图，并回答下列问题。

（1）$\phi20f7$ 的含义：$\phi20$ 为 _____，f7 为 _____，若将 $\phi20f7$ 写成有上、下极限偏差的形式，则其注法是 _____。

（2）说明 ⊥ 0.03 A 的含义：符号 ⊥ 表示 _____，数字 0.03 是 _____，A 是 _____；被测要素是 _____，基准要素是 _____。

（3）该零件有 _____ 种表面结构要求，其中，要求最高的表面是 _____，它可由 _____ 方法获得。

（4）该零件上有 ___ 种工艺结构，其中，倒角尺寸为 _____，螺纹退刀槽的尺寸为 _____，砂轮越程槽的尺寸为 _____。

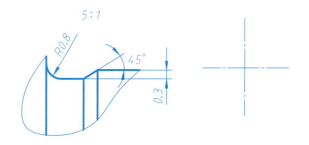

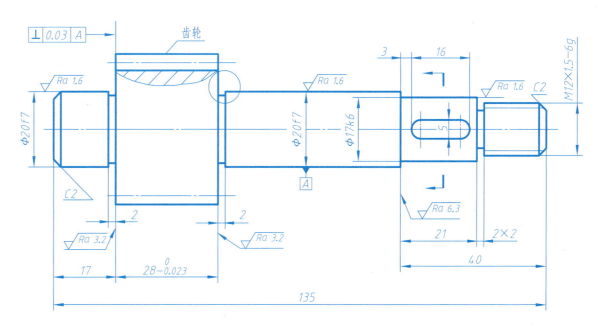

技术要求
1. 调质处理 $220\sim250$HBW。
2. 锐边倒角。

	主动轴	比例	1:1	图号	
		材料	45	数量	
制图			（校名）		
审核			班级		学号

7-7　读套筒零件图，画出 C—C 及 B—B 断面图，并回答下列问题。

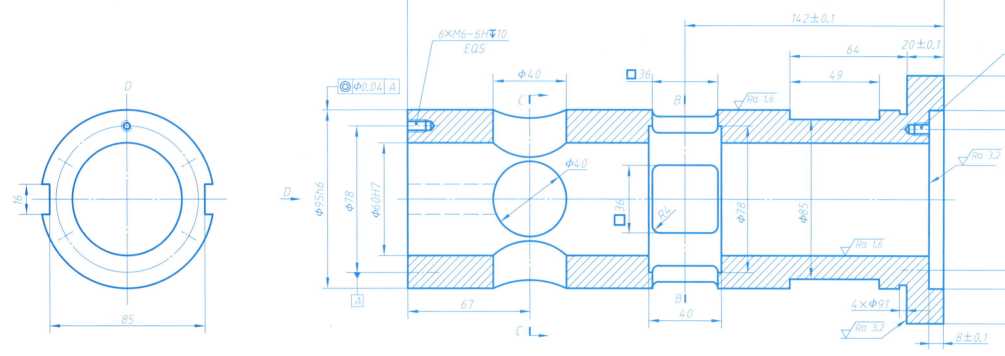

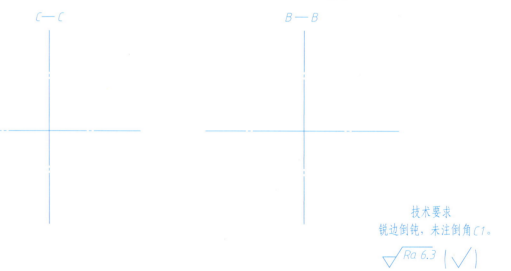

技术要求
锐边倒钝，未注倒角C1。

$\sqrt{Ra\ 6.3}$ $(\sqrt{\ })$

套筒		比例	1:2	图号	
		材料	45	数量	
制图		(校名)			
审核		班级		学号	

（1）零件上 □ 36 孔的定位尺寸为＿＿＿＿＿＿，φ40 孔的定位尺寸为＿＿＿＿＿＿。

（2）主视图上的虚线表示零件上有＿＿＿＿＿条槽，其宽度和深度分别为＿＿＿＿＿和＿＿＿＿＿。

（3）零件上 φ60H7 孔表面、φ132±0.2 段左端面、零件左端面的表面粗糙度 Ra 值分别为＿＿＿＿＿、＿＿＿＿＿、＿＿＿＿＿。

（4）解释 6×M6-6H▽10 的含义：＿＿＿＿＿＿＿＿＿＿＿＿＿＿
＿＿＿＿＿＿＿＿＿＿＿＿＿＿＿，该螺纹结构的定位尺寸为＿＿＿。

（5）φ95h6 表示＿＿＿＿＿轴，φ95 是＿＿＿＿＿尺寸，h6 是＿＿＿＿＿，h 是＿＿＿＿＿，6 是＿＿＿＿＿。

（6）◎φ0.04 A 的含义：被测要素为＿＿＿＿＿，基准要素为＿＿＿＿＿，几何公差项目为＿＿＿＿＿。

班级_____ 学号_____ 姓名_____

7-8　读接头零件图，并回答下列问题。

（1）该零件图所用的三个图形分别称为_____视图、_____视图和_____视图，剖视图是采用_____剖切得到的_____剖视图。

（2）右板上共有_____个供连接用的通孔，它们的定形尺寸是_____，定位尺寸是_____，表面结构要求为_____。

（3）解释 2×M5▽8 的含义：_____个规格为_____的_____牙螺纹，螺纹深为_____。

（4）该零件采用了_____种表面结构要求，其中要求最高的表面粗糙度 Ra 值为_____。

（5）说明 $\phi52H7\,(^{+0.030}_{0})$ 的含义：公称尺寸为_____，公差带代号为_____，基本偏差代号为_____，标准公差等级为_____，公差值为_____。

（6）材料代号 HT150 中的 HT 的含义是_____。

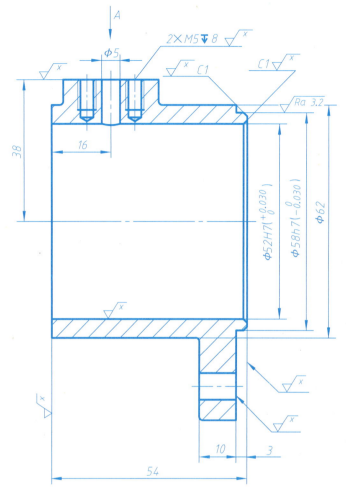

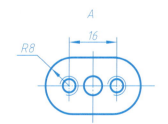

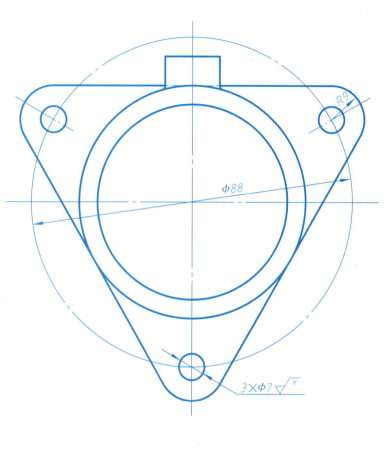

技术要求

1. 锐角倒钝。

2. 未注铸造圆角均为 R2～R4。

$\sqrt{}^{x} = \sqrt{}^{Ra\ 12.5}$

接头		比例	1:1	图号	
		材料	HT150	数量	
制图			(校名)		
审核			班级	学号	

7-9 读前盖零件图，在指定位置处画出全剖的 *B—B* 视图，并回答下列问题。

（1）说明各视图的名称和剖切方法：＿＿＿＿＿＿
＿＿＿＿＿＿＿＿＿。

（2）说明下列表面的表面结构要求：*I* 表面的表面结构要求为
＿＿＿＿＿＿，*II* 表面的表面结构要求为＿＿＿＿＿＿，*III* 表面的
表面结构要求为＿＿＿＿＿＿。

（3）φ40H7 表示＿＿＿＿＿＿孔，φ40 是＿＿＿＿＿＿，H7 是
＿＿＿＿＿＿，H 是＿＿＿＿＿＿，7 是＿＿＿＿＿＿。

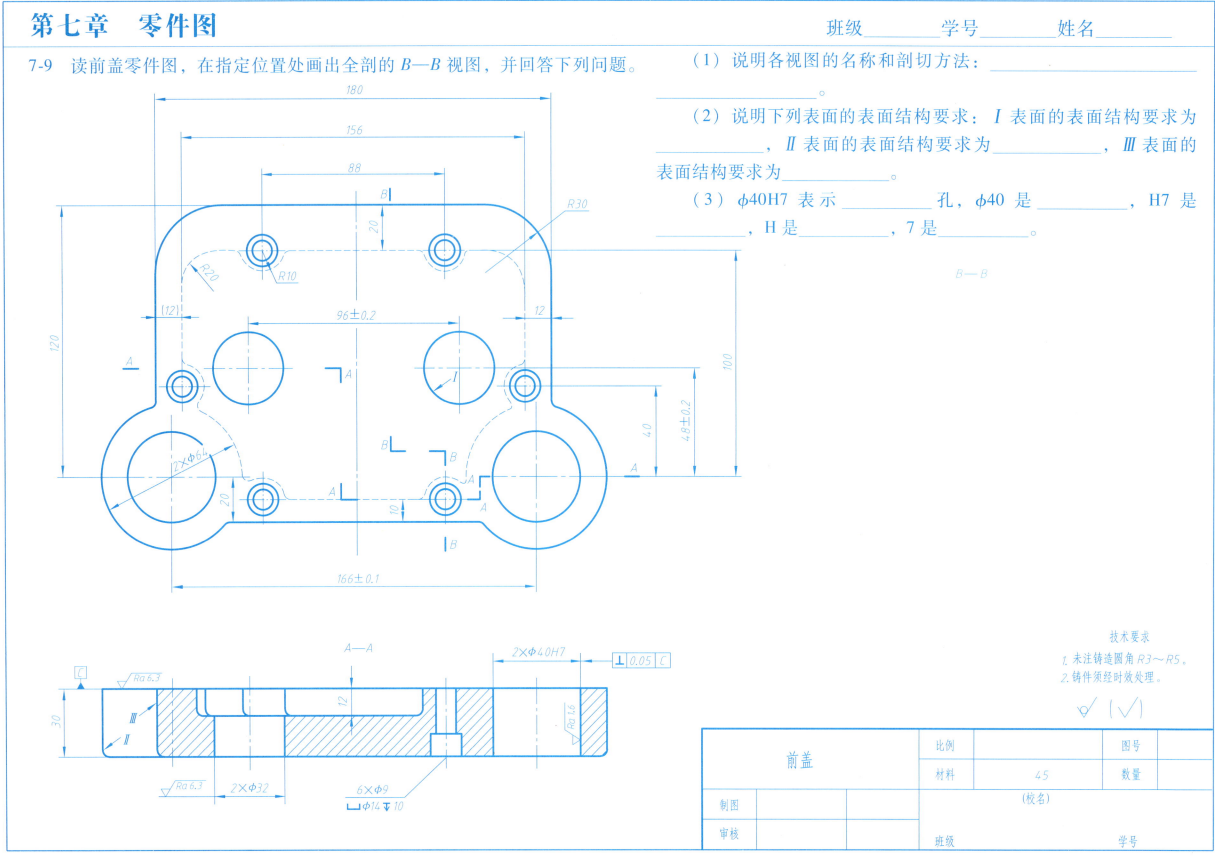

技术要求
1. 未注铸造圆角 R3～R5。
2. 铸件须经时效处理。

前盖		比例		图号	
		材料	45	数量	
制图			(校名)		
审核			班级	学号	

7-10　读盖子零件图，在指定位置处画出右视图（外形图），并回答下列问题。

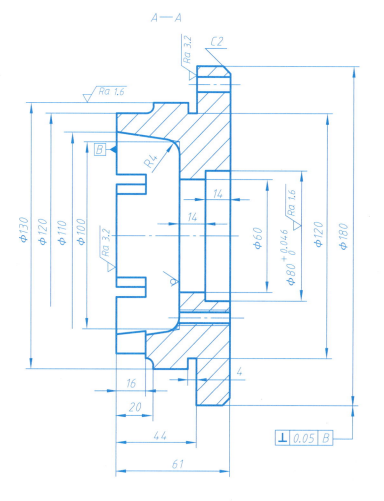

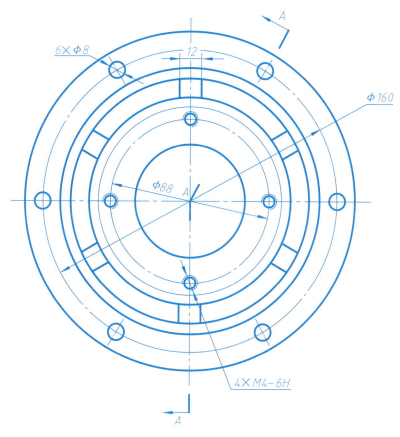

技术要求
1. 铸件不得有气孔、砂眼、裂纹等缺陷。
2. 铸件须经时效处理。

$\sqrt{Ra\ 12.5}\ (\ \sqrt{\ \ })$

（1）说明 4×M4-6H 的含义：_____
　　_____。

（2）说明 ⊥ 0.05 B 的含义：_____。

（3）零件上宽 12 的槽有_____个，深为_____。

（4）该零件的材料为_____。

	盖子	比例	1:2	图号	
		材料	HT200	数量	
制图			(校名)		
审核			班级		学号

第七章 零件图

7-11 读支架零件图，在指定位置画出 D 向局部视图，并回答下列问题。

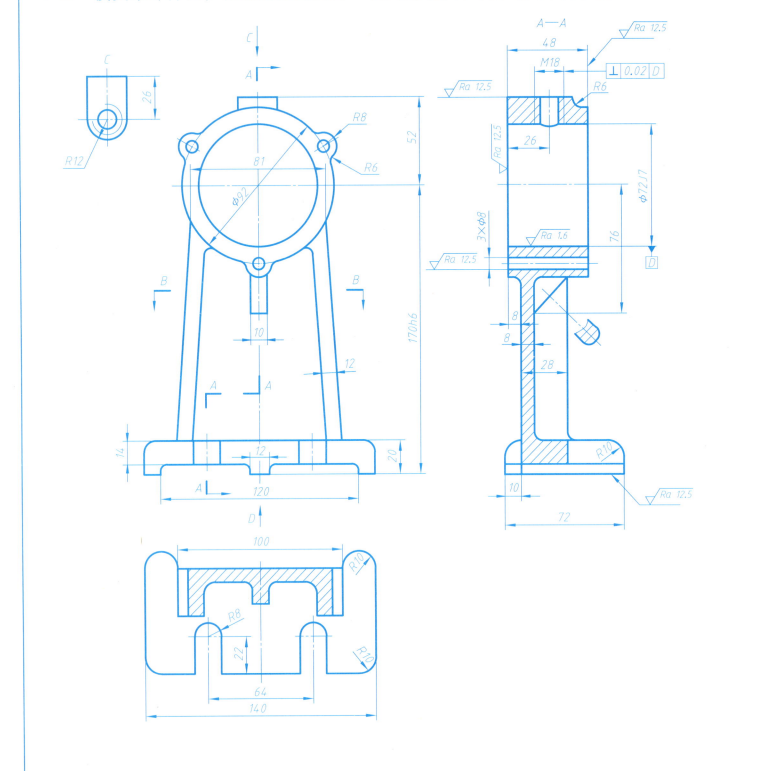

（1）该零件共用了＿＿＿＿个图形表达，它们分别是＿＿＿＿＿＿、＿＿＿＿＿＿、＿＿＿＿＿＿、＿＿＿＿＿＿、＿＿＿＿＿＿。

（2）$\phi72J7$ 孔的定位尺寸是＿＿＿＿＿＿。

（3）$3\times\phi8$ 孔的定位尺寸是＿＿＿＿＿＿。

（4）$\phi72J7$ 孔的表面结构要求是＿＿＿＿＿＿。

D

技术要求

未注铸造圆角 R3～R5。 $\sqrt{}(\sqrt{})$

支架	比例	1:2	图号	
	材料	HT150	数量	
制图			(校名)	
审核		班级		学号

7-12　读座体零件图，在指定位置画出 $C-C$ 移出断面图。

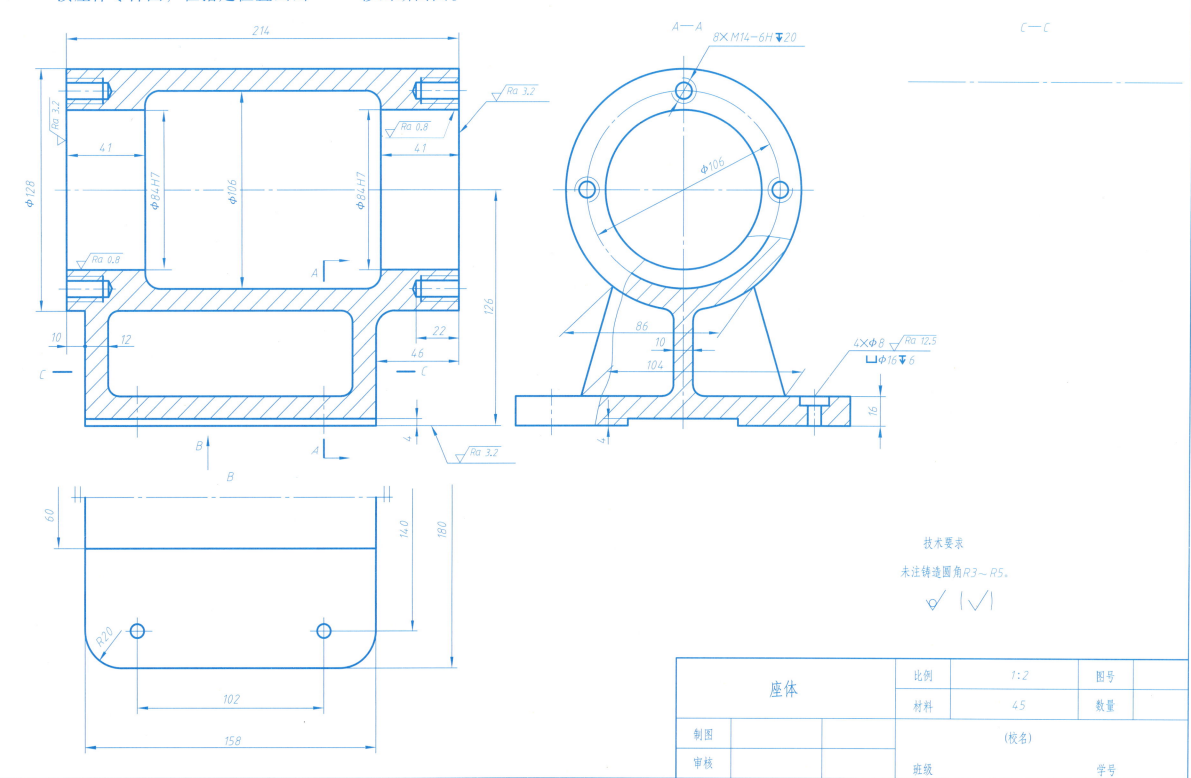

技术要求

未注铸造圆角R3～R5。

座体	比例	1:2	图号	
	材料	45	数量	
制图			(校名)	
审核		班级		学号

7-13　根据如下要求和提示完成零件图综合练习。

制图作业——零件图综合练习

1. 目的

通过练习进一步巩固提高并综合应用本章的内容。

2. 内容与要求

1）根据零件轴测图画出零件的零件草图和零件图。

2）采用 A3 图纸。

3）绘制并填写标题栏。

4）比例自定。

3. 绘图步骤及注意事项

1）对零件进行综合分析，确定表达方案。

2）标注尺寸及尺寸公差。

3）标注几何公差：φ120 圆柱结构前、后端面平行度公差值为 0.02。

4）标注表面结构要求：φ77、φ18 孔表面粗糙度 Ra 值为 3.2μm；φ120 圆柱结构前、后端面粗糙度 Ra 值为 6.3μm；零件底面粗糙度 Ra 值为 12.5μm；其余表面粗糙度 Ra 值为 25μm。

5）填写标题栏：名称为轴架；材料为 HT150。

6）所有孔均为通孔。

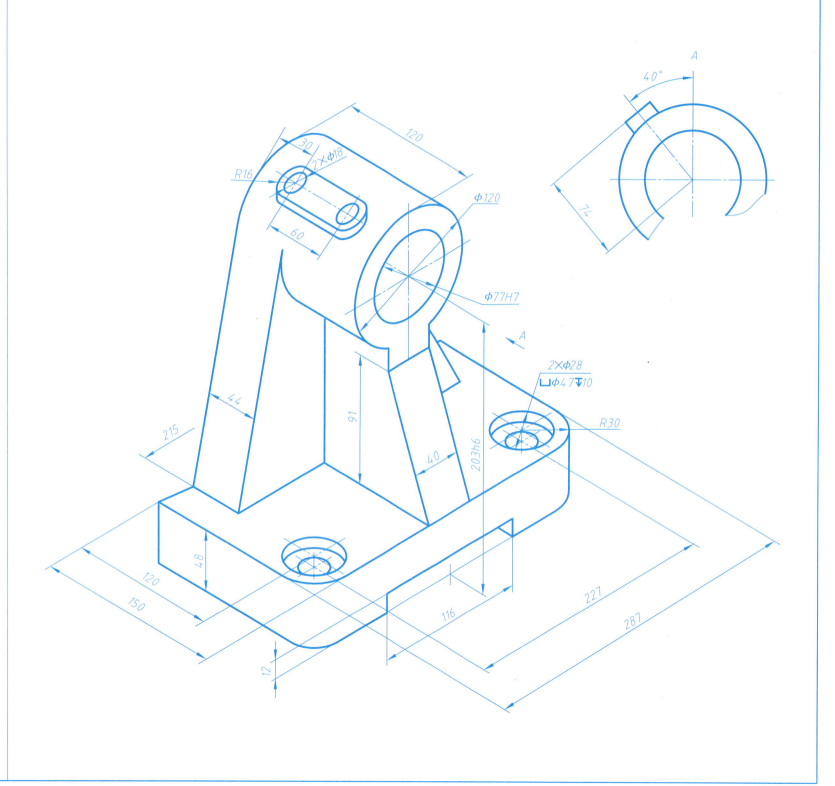

班级_____　学号_____　姓名_____

8-1　识别下列螺纹规定画法中的错误之处，并在指定位置处画出正确的图形。

（1）

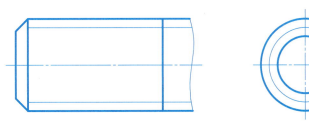 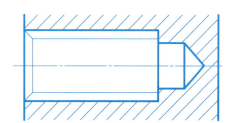 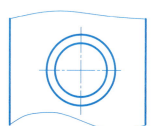

（2）

（3）

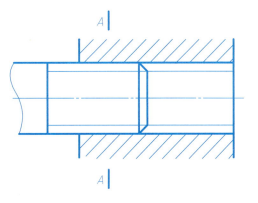 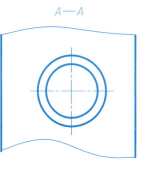

A

A

A—A

（4）

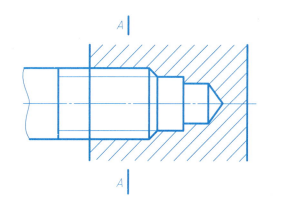 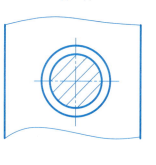

A

A

A—A

8-2 根据下列给定的螺纹要素，标注螺纹标记。

（1）粗牙普通螺纹，公称直径为 24mm，单线，右旋，中径、大径公差带均为 6h。

（2）细牙普通螺纹，公称直径为 30mm，螺距为 2mm，单线，右旋，中径、小径公差带均为 5G。

（3）梯形螺纹，公称直径为 32mm，螺距为 6mm，双线，左旋。

（4）55°非密封管螺纹，尺寸代号为 3/4，公差等级为 A 级，右旋。

8-3 根据螺纹标注填写螺纹各要素的情况。

（1）

M20×1.5-5g6g

该螺纹为_____螺纹，公称直径为_____，螺距为_____，线数为_____，旋向为_____，螺纹公差带为_____。

（2）

Tr15×8(P4)-LH-7H

该螺纹为_____螺纹，公称直径为_____，螺距为_____，线数为_____，旋向为_____，螺纹公差带为_____。

8-4　补画下列螺纹紧固件连接图中的漏线，螺纹紧固件均采用简化画法和比例画法。

（1）用螺栓连接两零件，垫圈为平垫圈。

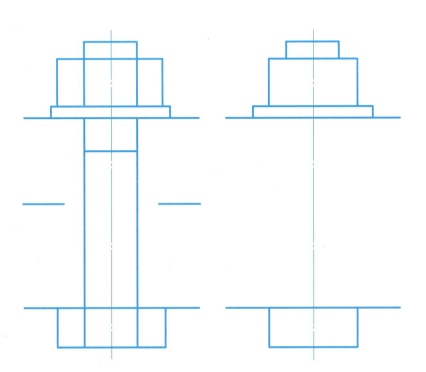

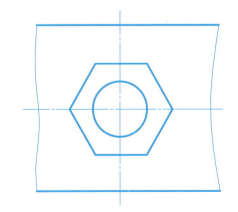

（2）用双头螺柱连接两零件，垫圈为弹簧垫圈。

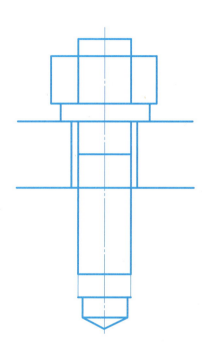

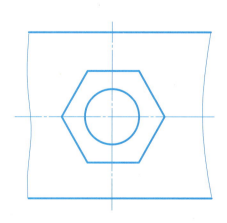

（3）用螺钉连接两零件。

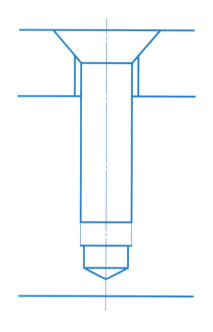

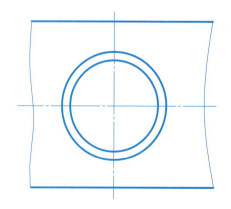

8-5　已知直齿圆柱齿轮模数 $m = 4mm$，齿数 $z = 30$，试计算该齿轮的分度圆、齿顶圆和齿根圆的直径。用 1：2 的比例完成主视图（全剖视图）和左视图，并标注尺寸。

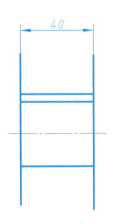

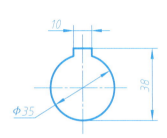

8-6　完成下列直齿圆柱齿轮的啮合图。

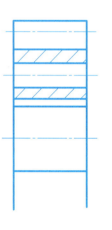

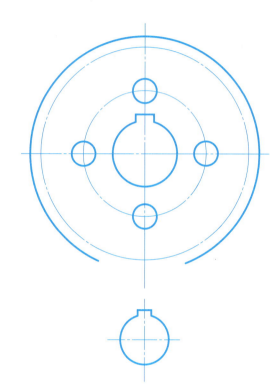

第八章　标准件和常用件的特殊表示法

8-7　绘制普通平键连接的相关图形。

（1）按轴径查表确定键槽尺寸，画出 *A—A* 断面图。

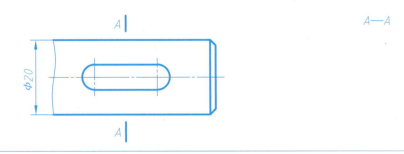

（2）完成与（1）小题中轴相配合的齿轮的全剖主视图，画出 *B* 向局部视图。

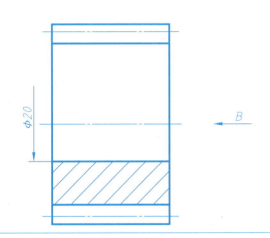

（3）画出（1）（2）两小题中的轴与齿轮用普通平键连接的配合图。

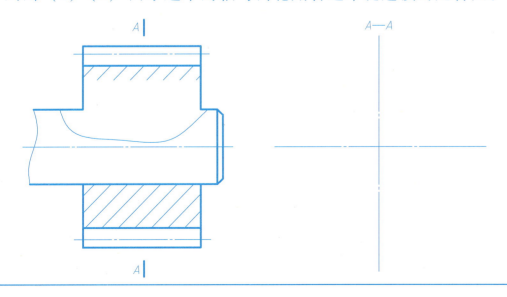

8-8　取适当长度且直径为 5mm 的圆柱销，画出其连接图。

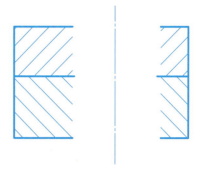

8-9　查表并用规定画法按 1：1 的比例画出滚动轴承的剖视图。

深沟球轴承
6205

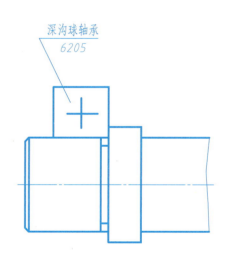

63

班级＿＿＿＿＿　学号＿＿＿＿＿　姓名＿＿＿＿

8-10　根据如下要求和提示完成螺栓连接图绘制综合练习。

制图作业——螺栓连接图绘制综合练习

1. 目的

通过练习进一步巩固螺栓连接画法。

2. 内容与要求

1）用螺栓 GB/T　5782　M10、螺母 GB/T　6170　M10 和垫圈 GB/T 97.1　10 连接支架、底板两零件，绘制螺栓连接图。

2）使用 A4 幅面图纸。

3）图名为螺栓连接。

4）比例为 2∶1。

3. 注意事项

1）画图时，螺栓公称长度 l 可按比例画出，标记时 l 应为标准值。

2）主视图采用全剖视图，俯视图、左视图均按不剖绘制。

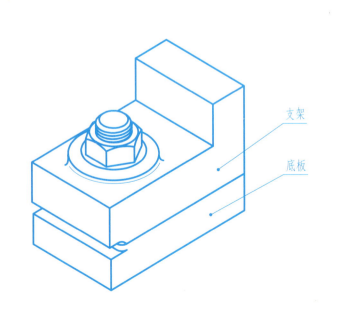

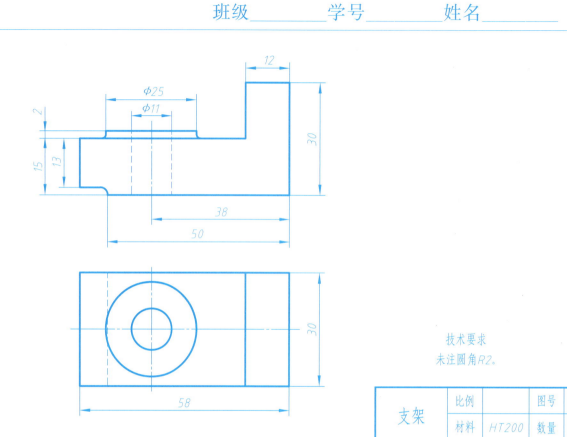

技术要求
未注圆角R2。

支架	比例		图号	
	材料	HT200	数量	1

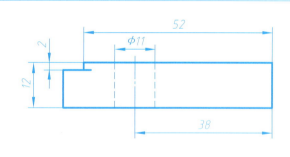

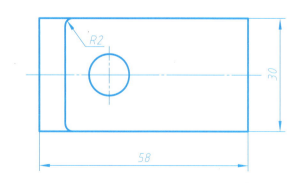

技术要求
未注圆角R2。

底板	比例		图号	
	材料	HT200	数量	1

第九章　装配图

9-1　由零件图拼画低速滑轮装配图。

1. 要求

1）分析零件间的装配、连接关系，确定装配图的视图表达方案。

2）学习装配图的尺寸标注方法。

3）学习装配图的零件序号编写和明细栏的填写方法。

4）初步掌握装配图的画法步骤。

2. 注意

1）在 A3 图纸上按 1：1 的比例绘图。

2）标注装配体的总体尺寸和配合尺寸。

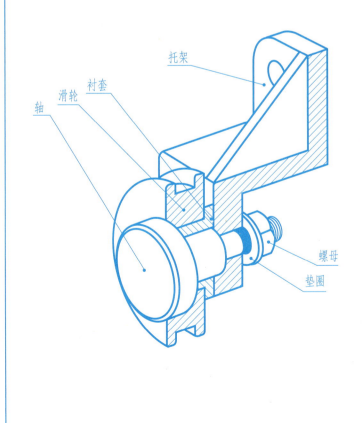

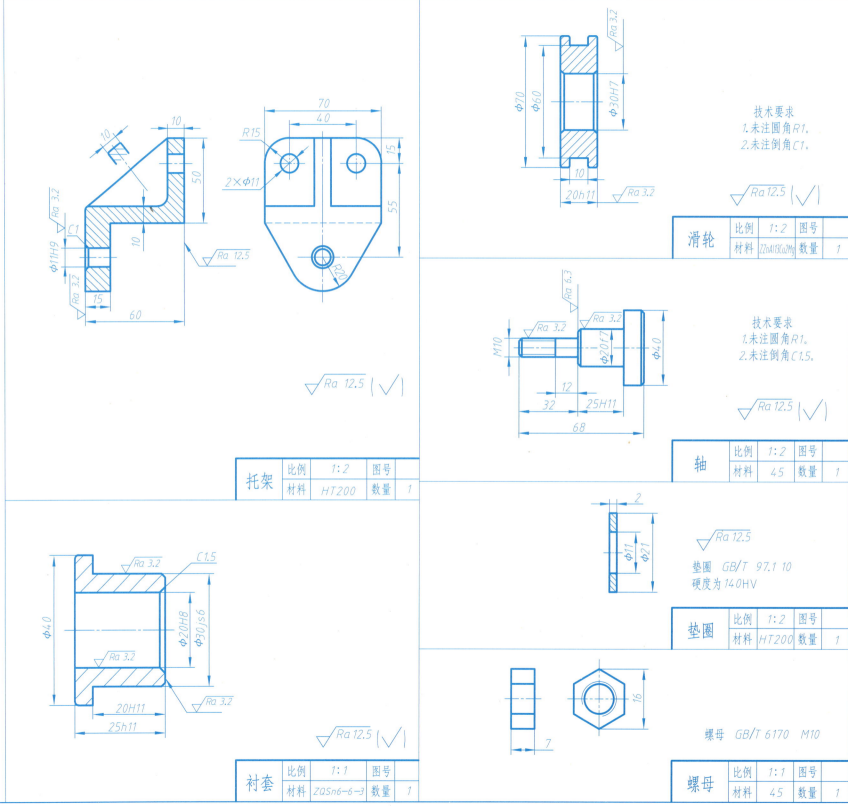

托架	比例	1:2	图号	
	材料	HT200	数量	1

衬套	比例	1:1	图号	
	材料	ZQSn6-6-3	数量	1

技术要求
1.未注圆角R1.
2.未注倒角C1.

滑轮	比例	1:2	图号	
	材料	ZZnAl13Cu2Mg	数量	1

技术要求
1.未注圆角R1.
2.未注倒角C1.5.

轴	比例	1:2	图号	
	材料	45	数量	1

垫圈 GB/T 97.1 10
硬度为 140HV

垫圈	比例	1:2	图号	
	材料	HT200	数量	1

螺母 GB/T 6170 M10

螺母	比例	1:1	图号	
	材料	45	数量	1

班级_____ 学号_____ 姓名_____

9-2　由零件图拼画调节油阀装配图。

1. 要求

1）分析零件间的装配、连接关系，确定装配图的视图表达方案。

2）学习装配图的尺寸标注方法。

3）学习装配图的零件序号编写和明细栏的填写方法。

4）初步掌握装配图的画法步骤。

2. 注意

1）在 A3 图纸上按 1：1 的比例绘图。

2）标注装配体的总体尺寸和配合尺寸。

3）标准件规格根据连接件的尺寸查表选定，需要在装配图中画出并编写零件序号、填写明细栏。

4）在填料盖与压盖之间有填料，填料零件图未画出，根据其所接触零件尺寸，在装配图中画出并编写零件序号、填写明细栏。

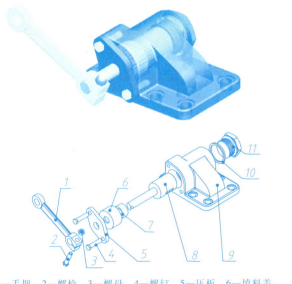

1—手把　2—螺栓　3—螺母　4—螺钉　5—压板　6—填料盖

7—压盖　8—阀芯　9—阀体　10—垫圈　11—螺塞

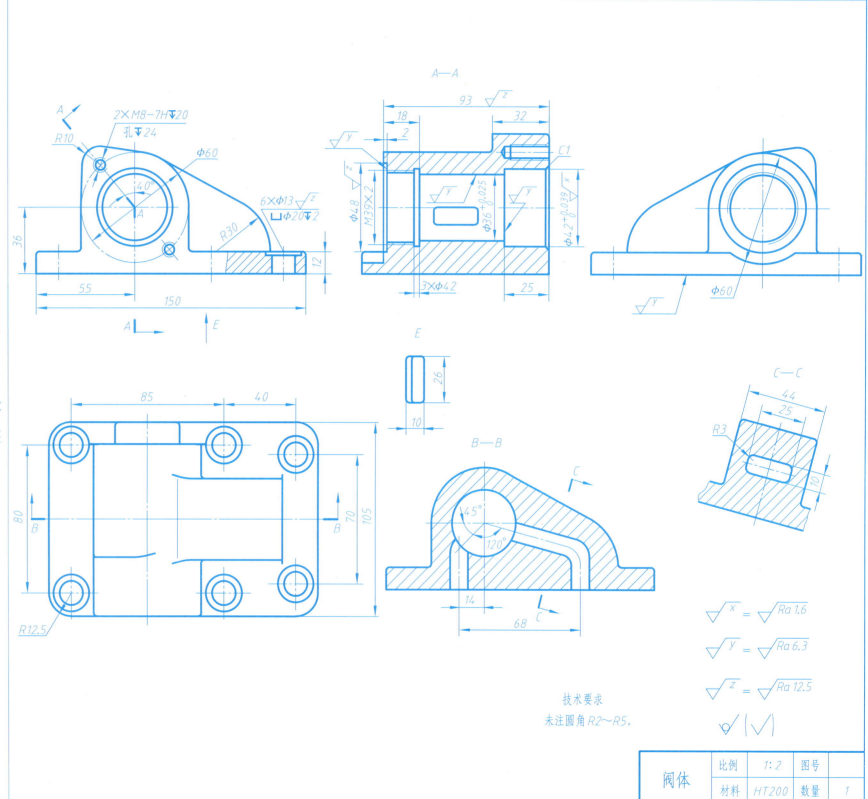

技术要求

未注圆角 R2～R5。

阀体	比例	1：2	图号	
	材料	HT200	数量	1

9-2　由零件图拼画调节油阀装配图（续）。

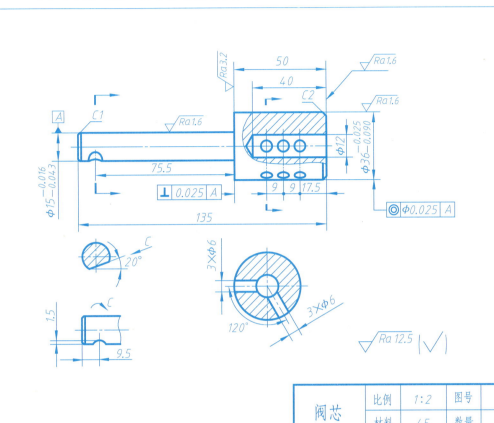

阀芯	比例	1:2	图号	
	材料	45	数量	1

技术要求

未注圆角R2～R5.

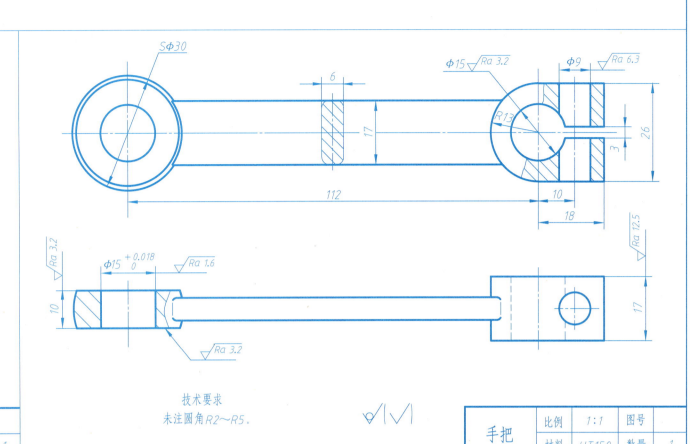

手把	比例	1:1	图号	
	材料	HT150	数量	1

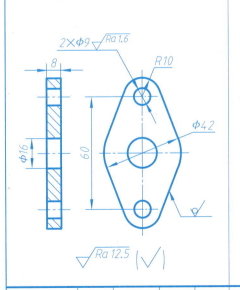

压板	比例	1:2	图号	
	材料	45	数量	1

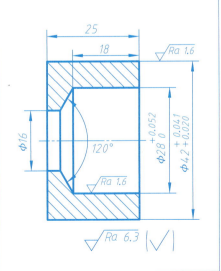

填料盖	比例	1:1	图号	
	材料	45	数量	1

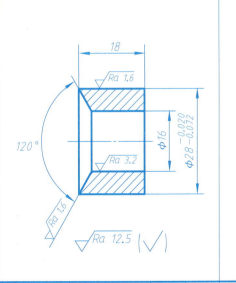

压盖	比例	1:1	图号	
	材料	45	数量	1

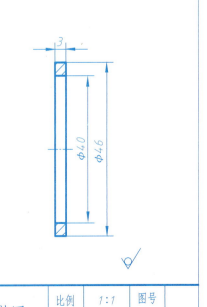

垫圈	比例	1:1	图号	
	材料	45	数量	1

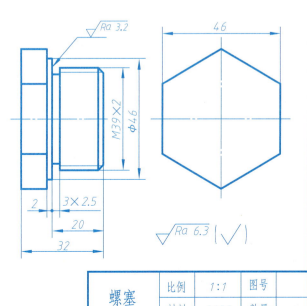

螺塞	比例	1:1	图号	
	材料	Q235	数量	1

9-3　由零件图拼画溢流阀装配图。

1. 要求

1）分析零件间的装配、连接关系，确定装配图的视图表达方案。

2）学习装配图的尺寸标注方法。

3）学习装配图的零件序号编写和明细栏的填写方法。

4）初步掌握装配图的画法步骤。

2. 注意

1）在 A3 图纸上用 1∶1 的比例绘图。

2）标注装配体的总体尺寸和配合尺寸。

溢流阀工作原理如下所述。

溢流阀是供油管路上的装置。正常工作时，阀芯 2 在弹簧 13 的压力作用下处在关闭位置，此时油液从阀体 1 右端的孔流入阀体 1，再经下部的孔流出进入液压系统。当供油管路中的油液压力增大到超过弹簧 13 的压力时，阀芯打开，油液经阀体 1 左端的孔流回油箱进行溢流卸荷，以保证管路安全。弹簧 13 压力的大小通过阀杆 9 来调节，在阀杆 9 上部用螺母 8 拧紧防松，并且用阀罩 7 来保护阀杆 9。阀芯 2 两侧圆孔用于供油液流动，底部螺纹孔用于进行拆卸。阀体 1 与阀盖 11 用 4 个螺柱 3 连接，中间垫片 12 用于防止泄漏。

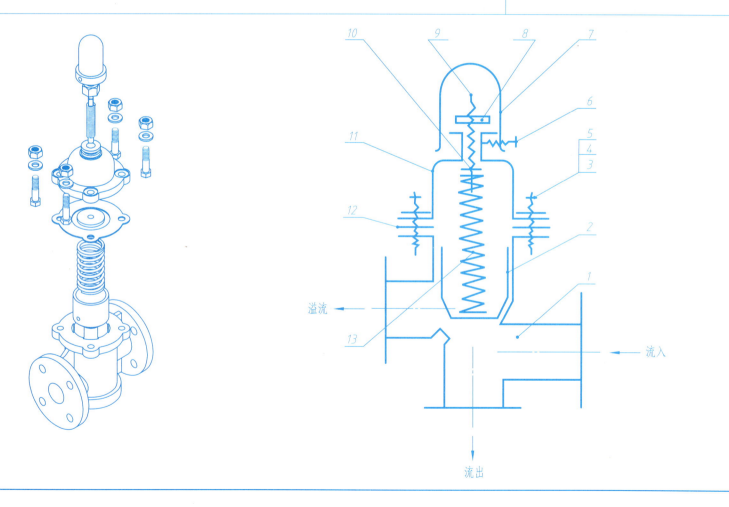

13	弹簧	1	65Mn	
12	垫片	1	纸板	
11	阀盖	1	ZAlSi12	
10	弹簧垫	1	45	
9	阀杆	1	45	
8	螺母 M16	1	Q235	GB/T 6170—2015
7	阀罩	1	ZAlSi12	
6	螺钉 M6×16	1	Q235	GB/T 75—2018
5	垫圈 12	4	Q235	GB/T 97.1—2002
4	螺母 M12	4	Q235	GB/T 6170—2015
3	螺柱 M12×35	4	Q235	GB/T 900—1988
2	阀芯	1	45	
1	阀体	1	ZAlSi12	
序 号	名 称	数 量	材 料	备 注

溢流阀　　比例　　　　共　张
　　　　　图号　　　　第　张

制图
审核

班级＿＿＿＿＿　学号＿＿＿＿＿　姓名＿＿＿＿＿

9-3　由零件图拼画溢流阀装配图（续）。

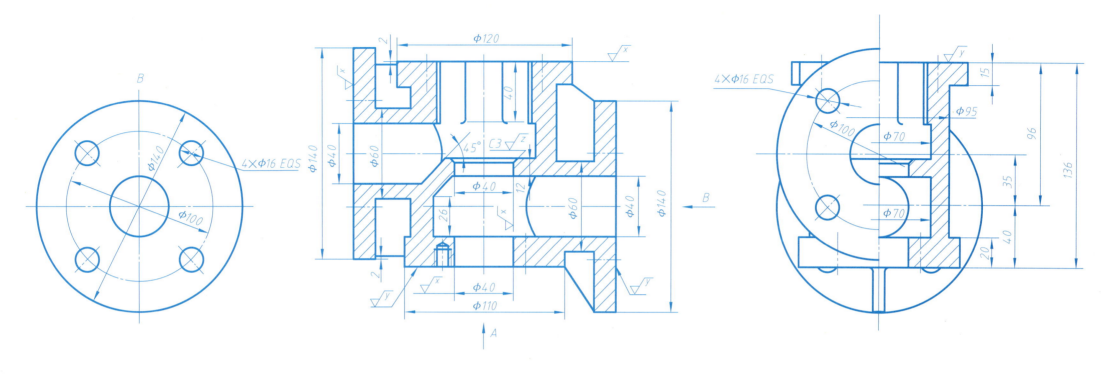

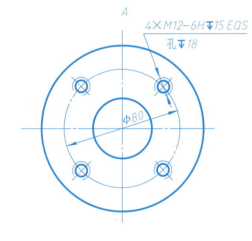

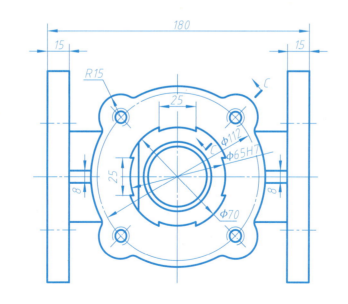

$$\sqrt{x} = \sqrt{Ra\ 12.5}$$

$$\sqrt{y} = \sqrt{Ra\ 3.2}$$

$$\sqrt{z} = \sqrt{Ra\ 1.6}$$

技术要求
未注铸造圆角R2～R5。

阀体	比例	1:1	图号	
	材料	ZAlSi12	数量	1

9-3 由零件图拼画溢流阀装配图（续）。

A—A

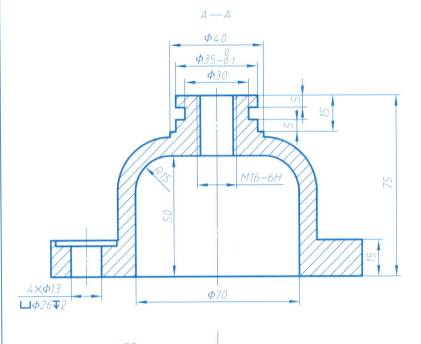

φ40
φ35⁻⁰.₁
φ30
M16-6H
R15
50
75
15
5
5
5
φ70
4×φ13
⊔φ26▽2

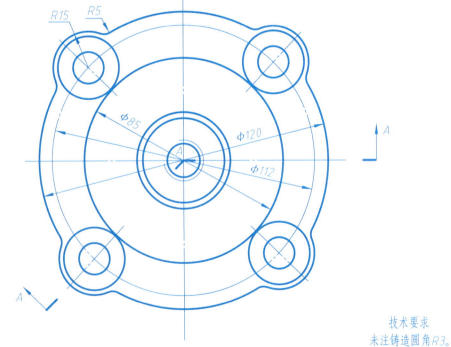

R15 R5
φ85
φ120
φ112
A
A

技术要求
未注铸造圆角R3。

阀盖	比例	2:1	图号	
	材料	ZAlSi12	数量	1

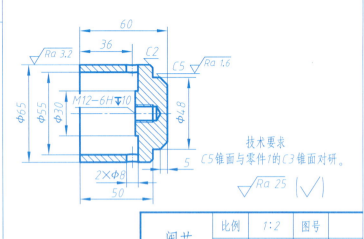

60
36
C2
C5 √Ra 1.6
√Ra 3.2
φ65
φ55
φ30
M12-6H▽10
φ4.8
2×φ8
50
5

技术要求
C5锥面与零件1的C3锥面对研。

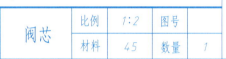

√Ra 25 (√)

阀芯	比例	1:2	图号	
	材料	45	数量	1

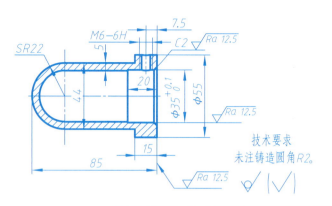

M6-6H 7.5
C2 √Ra 12.5
SR22
5
44
20
φ55
φ35⁺⁰.₁
85
15
√Ra 12.5
√Ra 12.5

技术要求
未注铸造圆角R2。

√ (√)

阀罩	比例	1:2	图号	
	材料	ZAlSi12	数量	1

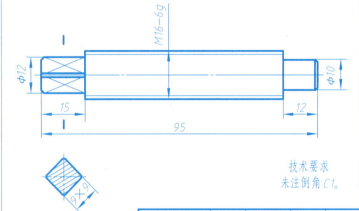

M16-6g
φ12
φ10
15
12
95

6×6

技术要求
未注倒角C1。

阀杆	比例	2:1	图号	
	材料	45	数量	1

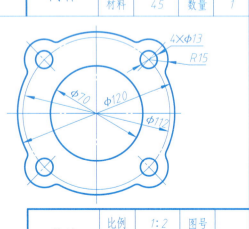

4×φ13
R15
φ70 φ120
φ112

垫片	比例	1:2	图号	
	材料	纸板	数量	1

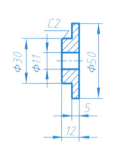

C2
φ30
φ11
φ50
5
12

√Ra 6.3

弹簧垫	比例	1:2	图号	
	材料	45	数量	1

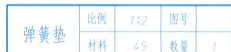

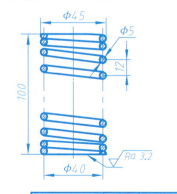

φ45
φ5
12
100
φ40

√Ra 3.2

弹簧	比例	1:2	图号	
	材料	65Mn	数量	1

第九章　装配图

9-4　由夹线体装配图拆画零件图。

1. 工作原理

夹线体是将线穿入衬套 3 中，然后转动手动压套 1，手动压套 1 通过 M36×2 螺纹向右移动，同时依靠锥面接触使衬套 3 向中心收缩，衬套 3 上开有槽，因而能够夹紧线体。当衬套 3 夹住线后，还可以与手动压套 1、夹套 2 一起在盘座 4 中的 $\phi 48$mm 孔中旋转。

2. 要求

1) 读懂装配图。

2) 画出 A—A 断面图。

3) 拆画夹套 2 和盘座 4 的零件图。

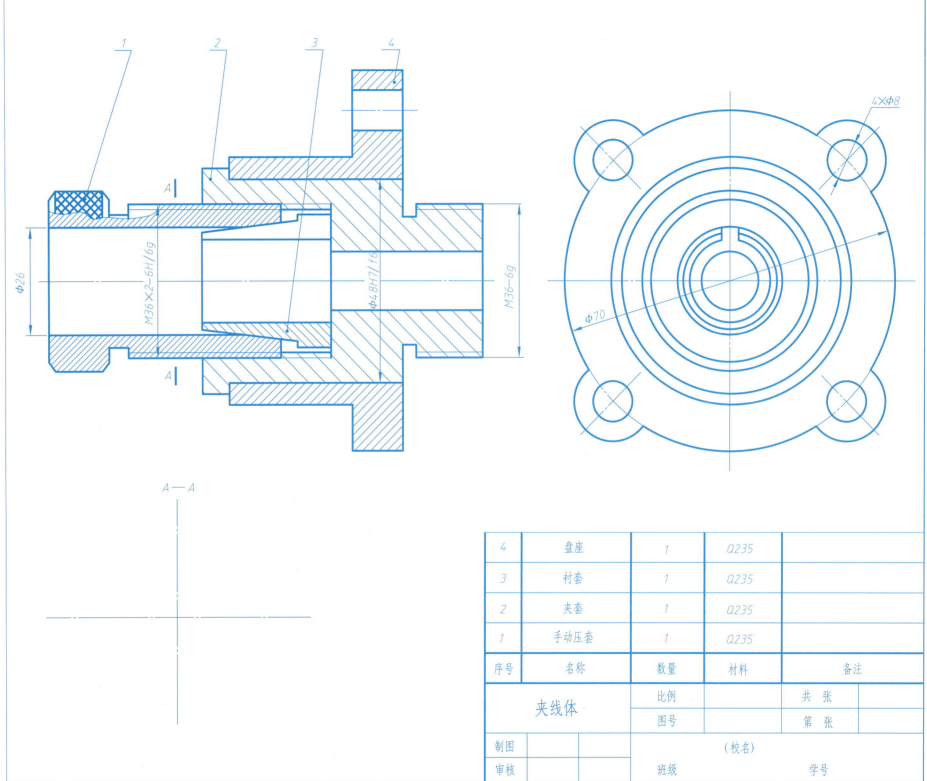

A—A

4	盘座	1	Q235	
3	衬套	1	Q235	
2	夹套	1	Q235	
1	手动压套	1	Q235	
序号	名称	数量	材料	备注

夹线体	比例		共　张	
	图号		第　张	
制图			(校名)	
审核			班级　　　　学号	

71

班级＿＿＿＿＿　学号＿＿＿＿＿　姓名＿＿＿＿＿

9-4　由夹线体装配图拆画零件图（续）。

夹套	比例		图号	
	材料		数量	

盘座	比例		图号	
	材料		数量	

9-5　读换向阀装配图，回答问题并拆画阀杆和阀体零件图。

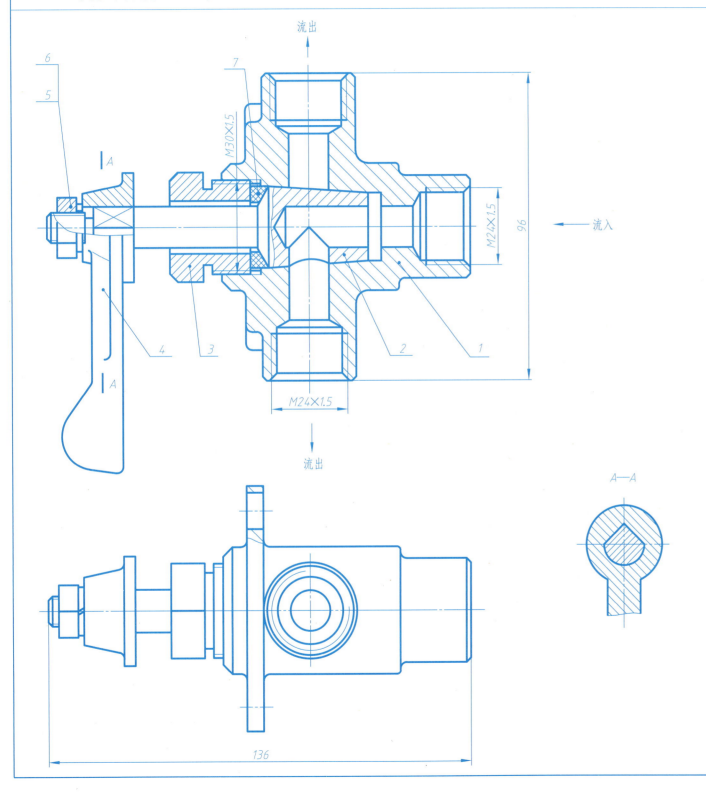

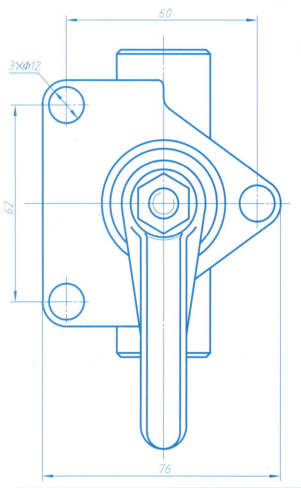

7	填料	1	石棉	
6	螺母	1	Q235A	GB/T 6170 M10
5	垫圈	1	65Mn	GB 93-87 10
4	手柄	1	HT200	
3	锁紧螺母	1	HT200	
2	阀杆	1	Q235A	
1	阀体	1	HT200	
序号	名称	数量	材料	备注

换向阀	比例		共　张	
	图号		第　张	
制图		(校名)		
审核		班级	学号	

9-5　读换向阀装配图，回答问题并拆画阀杆和阀体零件图（续）。

工作原理：换向阀用于控制管路中流体的输出方向及流量，在图示情况下，流体从右侧孔流入阀体，从下方孔流出阀体，转动手柄 4 带动阀杆 2 旋转，即可改变流体的流量和方向。

（1）当阀杆 2 从图示位置旋转_____度，即可使流体从右侧孔流入阀体，从上方孔流出阀体，而且流量为最大。此时旋转方向是_____（顺时针、逆时针、顺逆时针均可）。

（2）手柄 4 通过_____结构带动阀杆 2 旋转。

（3）M24×1.5 属于_____尺寸，96 属于_____尺寸，136 属于_____尺寸；3×ϕ12 属于_____尺寸。

（4）若手柄 4 与阀杆 2 改为键连接，轴孔配合处代号为 ϕ12H9/f9，试说明代号的含义：基____制，____配合。将相应尺寸及代号标注到下列零件图中。

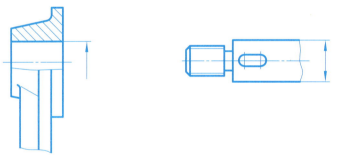

（5）垫圈 5 与螺母 6 的规定标记为：垫圈：_____，
螺母：_____。

（6）手柄 4 与阀杆 2 改为平键连接后，根据孔径 ϕ12 查出键的尺寸为：$b=4$，$h=4$，$L=6$，将相应尺寸标注到下列零件图中。

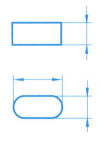

阀杆	比例		图号	
	材料		数量	

9-5　读换向阀装配图，回答问题并拆画阀杆和阀体零件图（续）。

阀体	比例		图号	
	材料		数量	

第九章　装配图

9-6　由齿轮油泵装配图拆画零件图。

1. 工作原理

齿轮油泵用于铣床的润滑系统，通过泵体内腔的一对齿轮传动，形成低压和高压两个区域，即可将油从进油孔（低压区）吸入，经出油孔（高压区）输送到机床需要润滑的部位。

2. 要求

看懂装配图，理解其工作原理及其视图的表示方法，看懂零件间的装配关系及各零件的结构形状，拆画泵盖和泵体的零件图。

1）确定视图的表达方案和比例。

2）标注零件的全部尺寸。

3）标注零件的表面结构要求，其最高要求为 $Ra1.6\mu m$。

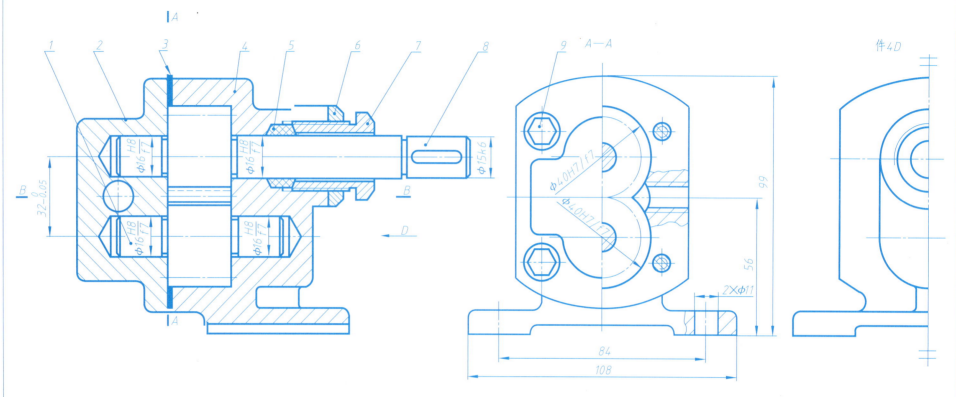

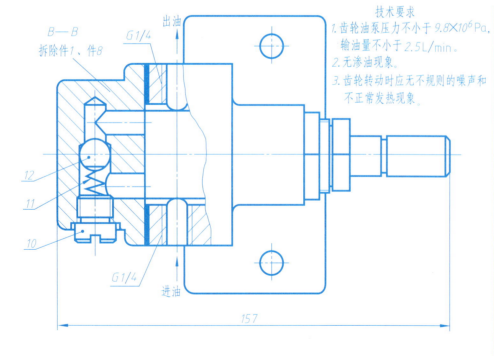

技术要求

1. 齿轮油泵压力不小于 $9.8×10^6 Pa$，输油量不小于 $2.5L/min$。
2. 无渗油现象。
3. 齿轮转动时应无不规则的噪声和不正常发热现象。

序号	名称	数量	材料	备注
12	钢球	1	GCr6	
11	弹簧	1	65Mn	
10	螺塞	1	Q235A	
9	螺钉M6×20	4	Q235A	GB/T 70.1—2008
8	主动齿轮	1	45	
7	填料压盖	1	ZCuSn6Zn6P63	
6	螺母	1	Q235A	
5	填料	1	石棉绳	
4	泵体	1	HT200	
3	垫片	1	工业用纸	
2	泵盖	1	HT200	
1	从动齿轮	1	45	

齿轮油泵	比例		共　张	
	图号		第　张	
制图		(校名)		
审核		班级		学号

9-6　由齿轮油泵装配图拆画零件图（续）。

泵盖	比例		图号	
	材料		数量	

班级_____学号_____姓名_____

9-6　由齿轮油泵装配图拆画零件图（续）。

泵体	比例		图号	
	材料		数量	

第十章 计算机绘图

10-1 用 AutoCAD 绘制下列图形。不用标注尺寸，但需设置线型和线宽。

（1）

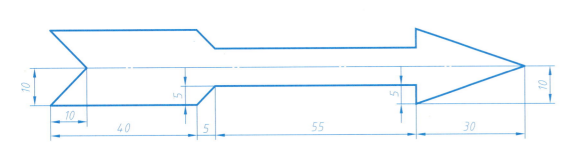

（2）

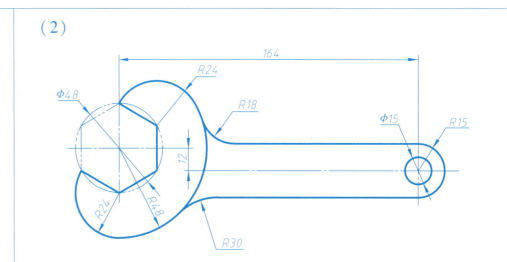

（3）

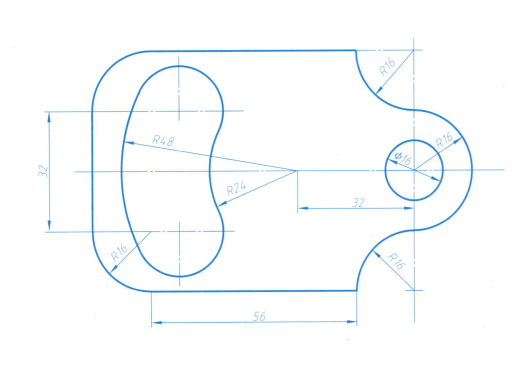

（4）

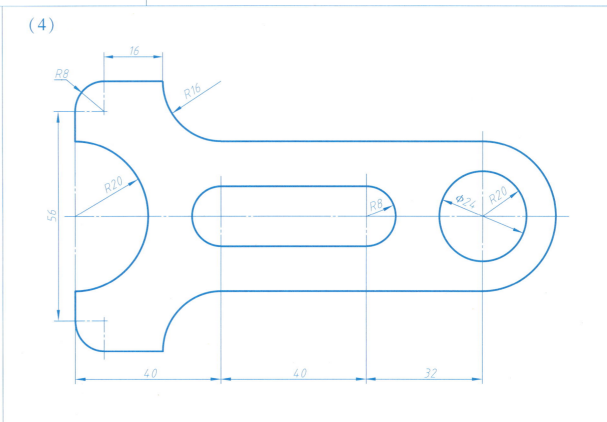

10-1 用 AutoCAD 绘制下列图形。不用标注尺寸，但需设置线型和线宽。（续）

（5）
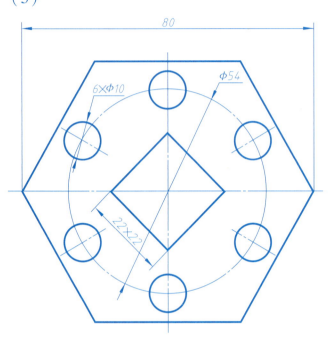

（6）
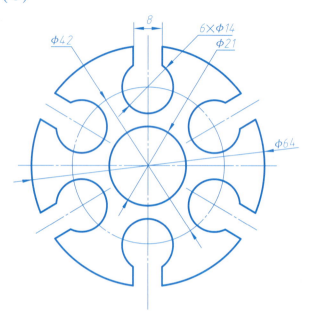

（7）
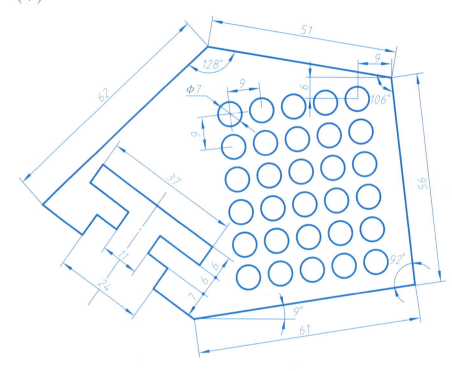

（8）
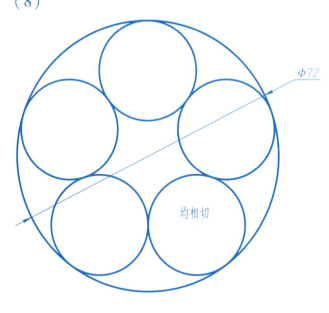

（9）
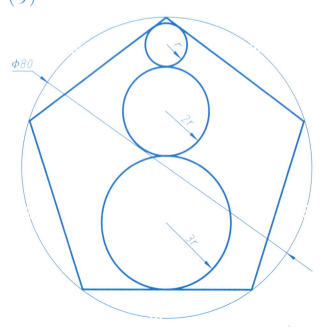

（10）
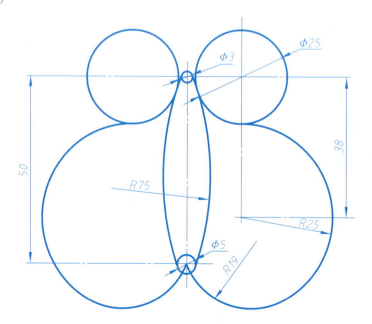

第十章 计算机绘图

10-2 用 AutoCAD 绘制下列图形，设置线型、线宽，并标注尺寸。

（1）

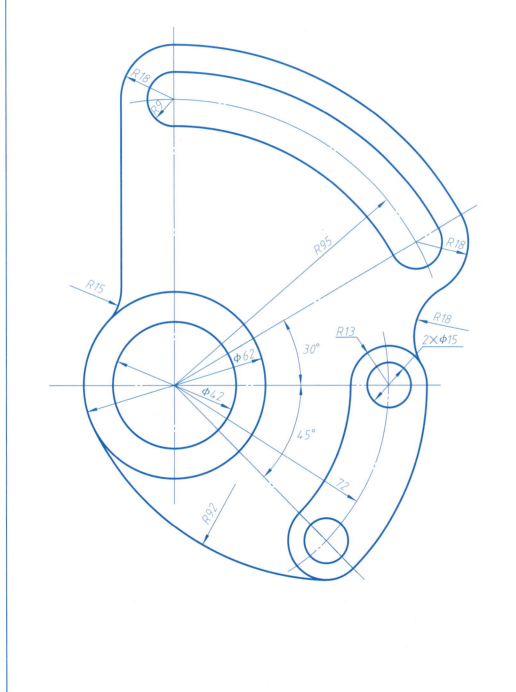

（2）

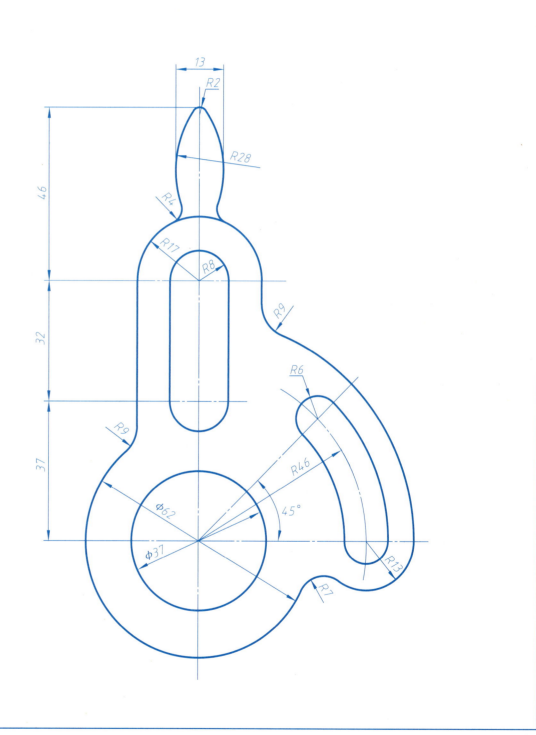

10-3　用 AutoCAD 绘制下列组合体三视图。

（1）

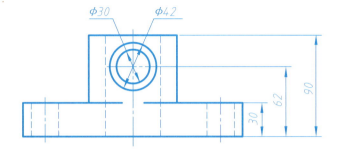

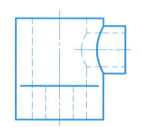

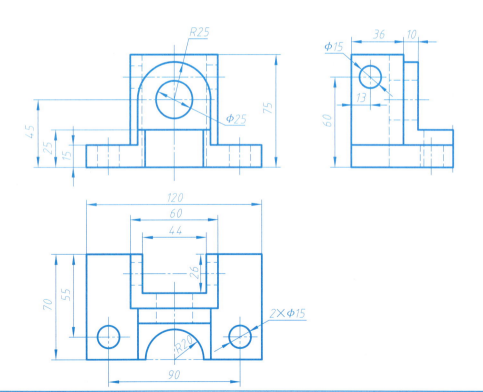

（2）

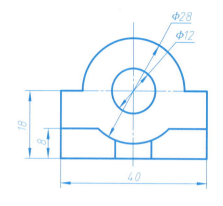

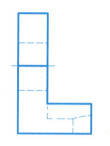

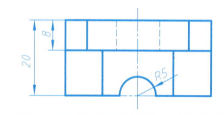

（3）

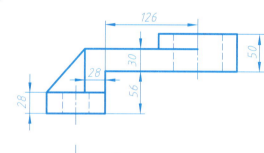

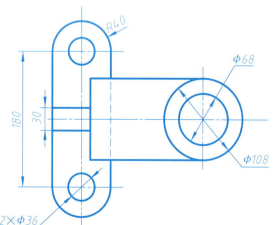

（4）

第十章　计算机绘图

班级＿＿＿＿＿　学号＿＿＿＿＿　姓名＿＿＿＿＿

10-4　用 AutoCAD 绘制下列零件图。要求：设置线型和线宽，标注尺寸和表面结构要求，对剖视图和断面图进行标注，设置图层并将对象归属相应图层，将图配置在 A3 图纸上并绘制图框和标题栏。

（1）绘制传动轴零件图。

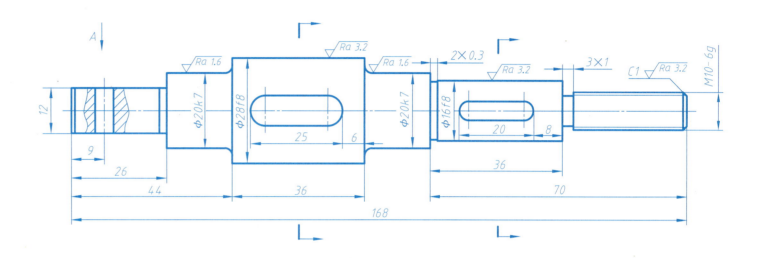

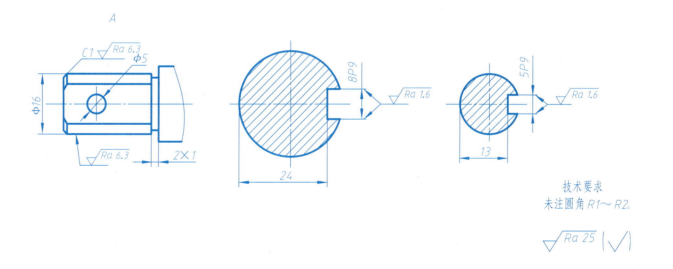

技术要求
未注圆角 R1～R2。

10-4　用 AutoCAD 绘制下列零件图（续）。要求：设置线型和线宽，标注尺寸和表面结构要求，对剖视图和断面图进行标注，设置图层并将对象归属相应图层，将图配置在 A3 图纸上并绘制图框和标题栏。

（2）绘制支架零件图。

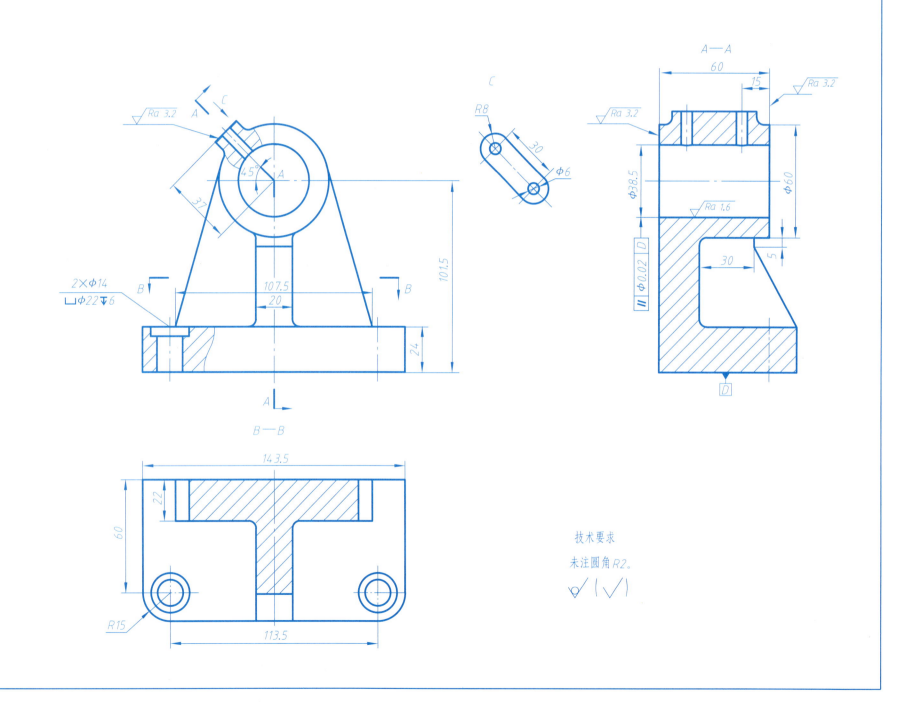

技术要求

未注圆角R2。

10-4　用 AutoCAD 绘制下列零件图（续）。要求：设置线型和线宽，标注尺寸和表面结构要求，对剖视图和断面图进行标注，设置图层并将对象归属相应图层，将图配置在 A3 图纸上并绘制图框和标题栏。

（3）绘制阀体零件图。

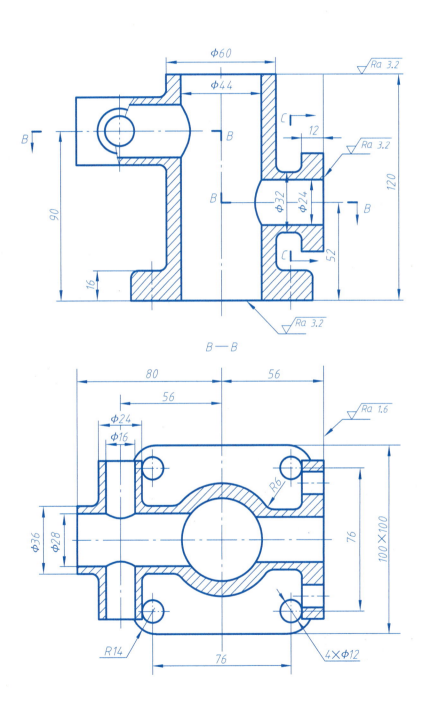

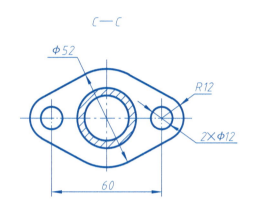

技术要求
未注圆角 R3。

10-5　三维造型练习。

（1）以本章10-1题的（1）小题为素材，运用"拉伸"和"旋转"命令构造如下形体，拉伸高度自定。

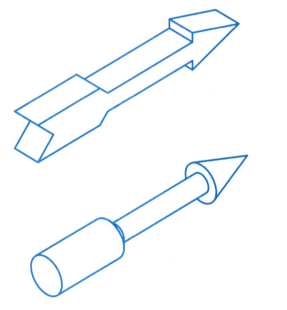

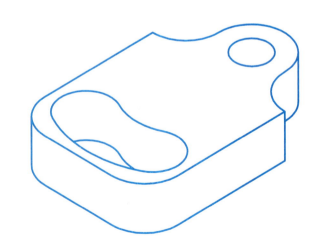

（2）以本章10-1题的（2）~（4）小题为素材，运用"拉伸"和布尔运算命令构造如下形体，拉伸高度自定。

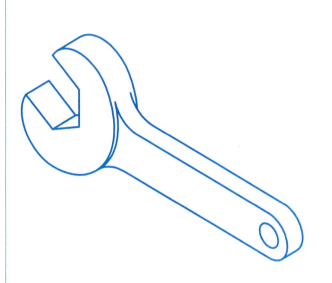

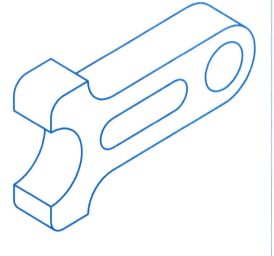

（3）以本章10-2题的（1）（2）小题为素材，运用"拉伸""旋转"和布尔运算命令分别构造如下形体，拉伸高度自定。

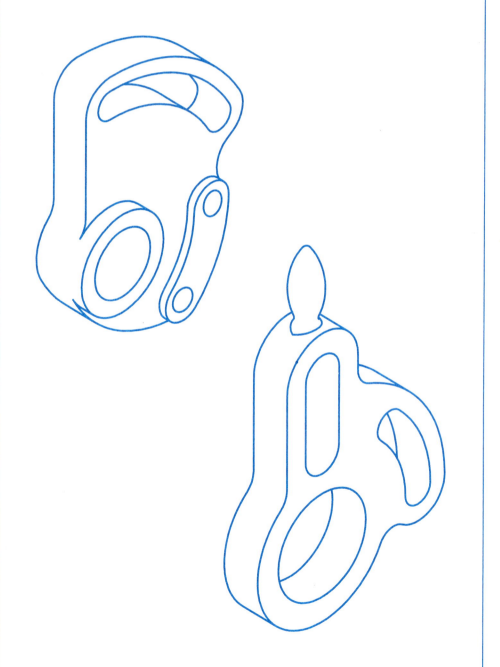

10-6　以本章 10-3 题为素材，按已知尺寸对四个组合体进行三维造型，参考效果如下。

（1）

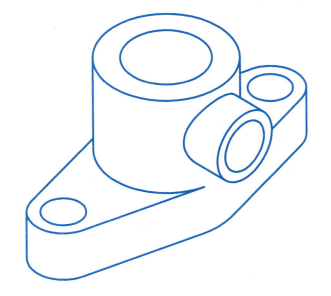

（2）

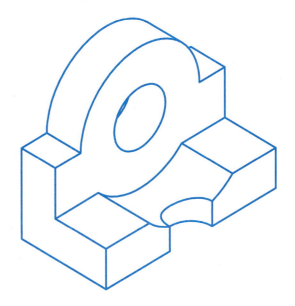

（3）

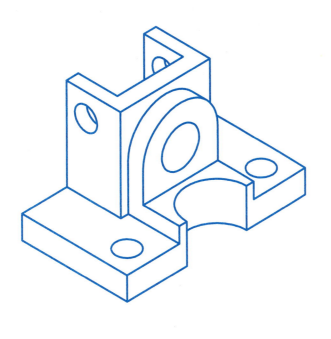

（4）

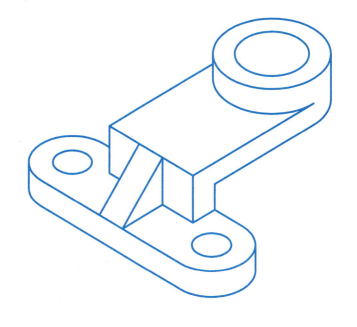

10-7　以第九章 9-1 题为素材，按该页布局先画所有零件图，再拼画装配图。

　　要求如下。

　　1）设置线型和线宽。

　　2）标注必要的尺寸。

　　3）对剖视图进行标注。

　　4）设置图层并将对象归属相应图层。

　　5）将图配置在 A3 图纸上，有标题栏、明细栏、指引线和图框等。

参 考 文 献

［1］　李杰，王致坚，陈华江. 机械制图习题集［M］. 成都：电子科技大学出版社，2020.

［2］　韩正功，任仲伟，曾萍. 工程制图习题集［M］. 西安：西北工业大学出版社，2020.

［3］　刘永东，张红利，赫焕丽. 机械制图习题集［M］. 武汉：华中科技大学出版社，2018.

［4］　阮春红，朱洲，陶亚松，等. 画法几何及机械制图习题集［M］. 9版. 武汉：华中科技大学出版社，2024.